# 远离内耗
## 做自己人生的掌控者

［日］博克重子——著
富雁红——译

长江出版社
CHANGJIANG PRESS

图书在版编目（CIP）数据

远离内耗：做自己人生的掌控者 /（日）博克重子
著；富雁红译. -- 武汉：长江出版社，2024.10.
ISBN 978-7-5492-9594-4
I.B848.4-49

中国国家版本馆 CIP 数据核字第 2024V938F0 号

人生　キャリアのモヤモヤから自由になれる　大人の「非認知能力」を鍛える 25 の質問
JINNSEI CAREER NO MOYAMOYA KARA JIYU NI NARERU OTONA NO
"HININNCHINOURYOKU" WO KITAERU 25 NO SHITUMON
Copyright © 2023 by SHIGEKO BORK
Original Japanese edition published by Discover 21, Inc., Tokyo, Japan
Simplified Chinese edition published by arrangement with Shigeko Bork c/o The
Appleseed Agency Ltd. and Discover 21, Inc.
through Chengdu Teenyo Culture Communication Co.,Ltd.
图字：17-2024-045 号

远离内耗：做自己人生的掌控者 /（日）博克重子　著　富雁红　译
YUANLI NEIHAO:ZUO ZIJI RENSHENG DE ZHANGKONGZHE

| 出　　版 | 长江出版社 |
| --- | --- |
|  | （武汉市解放路大道 1863 号　邮政编码：430010） |
| 选题策划 | 天河世纪 |
| 市场发行 | 长江出版社发行部 |
| 网　　址 | http://www.cjpress.cn |
| 责任编辑 | 梁　琰 |
| 印　　刷 | 三河市腾飞印务有限公司 |
| 版　　次 | 2024 年 10 月第 1 版 |
| 印　　次 | 2024 年 10 月第 1 次印刷 |
| 开　　本 | 880mm×1230mm　1/32 |
| 印　　张 | 7 |
| 字　　数 | 137 千字 |
| 书　　号 | ISBN 978-7-5492-9594-4 |
| 定　　价 | 49.80 |

版权所有，侵权必究。如有质量问题，请与本社联系退换。
电话：027-82926557（总编室）　027-82926806（市场营销部）

# 序言
# 给中国读者的一封信

"终于有机会可以向中国的朋友们表达感谢了。"这是当我刚听说本书将要在中国出版时首先想到的事情。

在这里介绍一下我自己：初次见面，我是非认知能力培养的先行者，人生教练博克重子。

我在日本出生长大，大学毕业后在欧美生活了 30 多年。但我刚移民到欧美时，对于当时亚洲在欧美的地位感到极为不适。

对于我来说，亚洲是我的故乡。是我始终热爱着的最美好的地方。但在欧美，我总觉得亚洲人常常遭受到无端的蔑视和冷遇。

这种体验对于我来说，既备受打击，又无比愤慨。

每当我在异国他乡产生这种感觉时，我就很希望把具有亚洲血统的女儿培养成一个能在全世界大展身手的人。于是我开始思考应该为女儿提供什么样的教育。

在这个摸索过程中，我遇到了"非认知能力"。

非认知能力，因 2000 年诺贝尔经济学奖得主詹姆斯·赫克曼博士在研究中提出这种能力"对人生的幸福和成功有很大影响"而备受关注。非认知能力无法像分数或偏差值①那样可以量化，包括自信心、自我肯定感、自控力、主体性、好奇心、灵活性、创造力、想象力、恢复能力、毅力、沟通能力、共情能力、协作能力、社交能力等多个方面的能力。

无论何时，非认知能力都是开拓人生道路所必需的能力，也可以说，它是创造幸福的能力、保证生存的能力。

学习能力也很重要，但同样重要的是能够发挥学习能力的"人"。非认知能力正是为了培养"人"而存在的。

尤其是在欧美，从21世纪初期就开始强调"只依靠学习能力的社会已经结束了"，实际上，为了考取常春藤联盟等顶尖大学，备考策略也从拿到SAT②的满分变成了"成为具有非认知能力的学生"。

大学开始重视无论何时都能开拓人生道路、成为对社会有用之人的无形的高生存能力，而并非仅仅注重通过机械性学习累积的知识数量。

在这种背景下，从小就被教育要"学习至上"的我，对非认知能力是持怀疑态度的。我认为要想证明一个人是否优秀，不就是应该看学习成绩的吗？

---

① 偏差值：是指相对平均值的偏差数值，是日本对于学生智能、学力的一项计算公式值。偏差值反映的是每个人在所有考生中的水准顺位。
② SAT：也称 "美国高考"，是由美国大学理事会主办的一项标准化的、以笔试形式进行的高中毕业生学术能力水平考试。

但是，从小被教育"学习至上"的自己，在内心的某个地方却感到自信不足。尽管我已经完成了研究生学业，学习能力是没有问题的，但是我连女儿的托儿所中所有美国人都耳熟能详的摇篮曲都不知道，让我感到非常失落……

在我女儿三岁的时候，我和家人一起去中国旅行，在北京和上海游览了大约一个星期。在北京的酒店里，一个场景深深地吸引了我。

一位娇小的中国女性正在向十几位外国人做着演讲。

她神采奕奕，充满了自信和自豪。

当我看到这一幕时，我感到亚洲人果然是很优秀的，也非常希望女儿长大也能成为这样的人。

我思考了自己和那个帅气的女性之间的差别，答案显而易见，那就是"非认知能力"。是她让我看到了什么是"生存的能力"。

能够自我肯定，相信"我能行"，不论是男是女，无论人种如何，都能坚持自己的想法、去解决问题、交涉沟通，为社会作出贡献。这样才能获得属于自己的幸福和成功。

我在这次的中国之旅中，处处都能看到这样的身影。

回到美国以后，我不再迷茫，决定要培养女儿的非认知能力。

但是这里有一个问题，那就是我们无法单独提高孩子的非认知能力。因为正是这次中国之旅让我看到了这种非认知能力到底是什么,而这段经历也让我的人生发生了巨大的改变。

非认知能力是一种无形的能力,所以需要有人来向我们展示这种能力。这样的人被称为榜样。对我而言,就是那个帅气优秀的女性。同样,我的女儿也需要一个能看得到的,可以效仿的榜样。

如果我自己一直没有自信,那么无论给女儿提供多么好的教育,她都会成为一个缺乏自信的孩子。

因此,我要培养女儿的非认知能力,同时也要提高自己的非认知能力水平。

在注重非认知能力的教育中成长起来的女儿,获得了具有六十多年历史的"全美最杰出女高中生奖",成为第三位赢得该奖项的亚裔。其关键就在于对"认知能力(学习能力)+非认知能力"的培养。

从那以后,我逐渐成了培养非认知能力的先行者,但令我感到痛心的是,其实我们不仅要培养孩子们的非认知能力,培养上一代人的非认知能力更为重要。

这是因为这个激烈变化的时代,领导潮流的人并非推崇"非认知能力"的这代人,而且,要想真正培养出能够引领未来的全球化、多元化和人工智能化社会的下一代,也需要依靠"非认知能力"普及之前的上一代人。

其实我写这本书的真正目的就是想培养成年人的非认知能力。

为了能够引领未来社会,为了获得幸福和成功,我们需要培养那些AI无法做到的,只有人类才能拥有的能力。

感谢这本书有机会在中国出版。作为培养非认知能力的先行者,我感到非常荣幸。

让我们一起来培养自己的非认知能力吧。为了自己,为了更好的明天。

现在,我终于可以向中国的朋友们回馈了。

感谢中国人让我看到了最棒的生存能力。

期望通过培养非认知能力,一起传播人生的美好。

博克重子

# 前言
## 在不确定的时代，开启觉醒之路

### ■ 未来永远充满不确定性

你是否有过这种感觉？

- 五年后，自己的工作会变成什么样呢？
- 五年后，还会和现在一样焦虑吗？
- 自己真的想做这份工作吗？
- 不知道自己为什么而工作！
- 感觉不到自己与社会的联系！
- 也想活出自己的人生，但不知道该怎么做！

"这样下去真的好吗……"其实，这种不安和焦虑是很正常的。与父辈们生活的时代不同，我们生活在一个全球化、多元化、智能化、生育率低、女性觉醒、"人生百岁①"的时代，对社会保障制度不完善的焦虑增加，社会发展前景不明朗，甚至连五年后是什么样子都无法预测……

我们的职业生涯也将受到直接影响。"终身雇佣制②"早已崩溃，到 2030 年，现有的大部分职业或将被机器所取代。工资持续 30 年增长缓慢，而人生进入"百岁时代"后，则需要更多的经济来源，延迟退休已然成为大势所趋，更不要说能够"优雅"地老去了。

即使过去一直信奉的"学历至上主义"和"优异的成绩"，已经无法保证你未来人生一定能取得成功和幸福。而且，对于新的生活方式，我们几乎没有固定模板可循。在这种情况下，很难不感到焦虑！

## ■ 越是"好孩子"越难生存

也许越是"好孩子"，就越会对未来的职业生涯感到不安。

从小一直勤勉努力，以成绩优异考入名校，毕业后进入知

---

① 据日本厚生劳动省公布的数据，截至 2022 年 9 月 15 日，日本全国 100 岁以上老人总数达 90526 人。百岁老人中，女性 80161 人，占总数约 89%。男性百岁老人数为 10365 人。日本百岁人数创新高，52 年来连续增加。
② "终身雇佣制"最早是日本企业倡导的一种管理实践，个人在接受完学校教育开始工作时，一旦进入一个组织，将一直工作到退休为止，而组织不能以非正当理由将其解聘的制度。

名公司，然后结婚生子，一起照顾双方父母。在原来的"终身雇佣制度"下，通过论资排辈才能慢慢升职，退休后靠着养老金生活，碌碌终生。

男性作为家庭的顶梁柱，理所当然要养家糊口，而女性则为了家庭需要付出大部分时间精力。即使这样，他们没有怨言和不满，每个人都把过上幸福的生活作为目标。我们一直被教导要成为这种"好孩子"，也一直在竭尽全力回应着这种期待。因为我们承诺了要"成功"和"幸福"，因为这才是所谓的孝道。要想实现这种"好孩子"的人生，似乎必须满足下面这些条件：

- 从不张扬；
- 从不失败；
- 听从指示；
- 重视效率；
- 不给人添麻烦；
- 比别人更成功；
- 遵守"妇道"和"夫道"。

但我认为，通过这些条件来获取成功的法则，其实就是：自己不愿意去思考，只希望高效完成别人指示的事，按照别人铺好的路亦步亦趋，以避开失败，取得比其他人更好的结果，成为不辜负别人期望的好孩子。换句话说，这类人就是"当完成了别人指示的事以后，依旧在等待下一步的指示"。

在经济高速发展时期，存在着"只要做就会有收获"的机制。因此，高效性和整齐划一性是决定一切结果的重要条件。然而，与经济高速发展的时代不同，如今的社会瞬息万变，未来难以预测，是一个时刻都在发生着巨变的时代。

当今社会，很多问题都没有标准的答案，也没有人会向我们作出指示。在多元化的时代，选择性也很多。巨变的时代，任何人的人生都没有先例和模板可循，就像行路时没有地图一样。所以，必须自己主动思考目的地是哪里。

如今的现状是：越是勤于磨炼传统的成功条件的"好孩子"，越容易对未来的职业生涯产生焦虑、迷茫和烦恼。

## ■ 挫折才能使人成长

其实，我也有过同样的焦虑！那时的我刚刚结婚就移居到美国，是一个典型的"好孩子"。当时，全世界的女性越来越活跃，开始主动实现自己想要的生活。有的专注于工作；有的开始从事副业；有的为了兼顾家庭而减少工作；有的专注于养育孩子；有的开始创业；有的成为自由职业者；有的立志做个志愿者；有的享受着自己的兴趣爱好；有的只想拼命赚钱，等等。真的是各种各样的生活方式都展现在我的眼前。

当时的我真的很郁闷,因为没有人能告诉我到底哪一个选择是正确的,也没有人来帮我作出选择,但其实归根结底,我自己也不知道自己想做什么。我没有自信能在美国生存下去,也没有勇气和男性勇敢竞争,而且由于害怕失败,不敢开始新的尝试。即使被要求发表意见,也说不出话来。这并不是因为英语的问题,而是我根本就没有自己的想法。

- 我将来到底会是什么样?
- 反正像我这种人,也没什么能干的事儿。
- 反正都会失败,不如不做。
- 我的人生也就这样了!

我当时一直抱着这种焦虑烦躁的情绪。虽然我读了很多自我启发和经营职业生涯的相关书籍,还拥有现代艺术的硕士学位,但我的人生却一直停滞不前。后来,在某个契机下,我的人生发生了180度的变化。

## 用"新思维模式",走出焦虑与迷茫

这是因为,我获得了一种完全不同于以往的"武器"——思维模式。

我居住的华盛顿是一个人才济济且竞争激烈的城市,曾有人开玩笑说,如果能在这里成功,那么去世界上的任何地方都能取得成功。在这里,我经常能看到很多人在努力开拓自己的职业生涯。经过我的观察,我逐渐意识到他们使用的"思维模式"和我的"思维模式"完全不一样,甚至可以说是完全相反,而且都非常强大。于是,我决定去学习如何成为人生教练[①],并拥有这些"思维模式"。这些"思维模式"包括以下七种:

第一种"思维模式":自我肯定感!接受真实的自己,无条件承认自己的价值。

第二种"思维模式":自我导向!不被他人意见和评价所左右。

第三种"思维模式":成功体质!"我能做到"的自我效能感和不怕失败的自我信任感。

第四种"思维模式":主体性!把想做的事变成实际去做的事,主体性+恢复能力+毅力。

第五种"思维模式":开放性心态!多元化社会及解决问题

---

① 人生教练:一种从美国开始兴起的新兴职业。专业的人生教练作为长期伙伴,旨在帮助客户成为生活和事业的赢家。帮助他们提升个人表现,提高生活质量。人生教练经过专业的训练,来聆听、观察,并按客户个人需求而定制辅导方式。他们激发客户自身寻求解决办法和对策的能力,因为他们相信客户是生来就富于创意与智慧的。人生教练的职责是提供支持,以增强客户已有的技能、资源和创造力。

的关键——灵活性。

第六种"思维模式":共情力!从利他的角度设身处地地考虑问题,提高人生潜能。

第七种"思维模式":计划偶然性!在巨变时代更能发挥作用的新的职业生涯的构建理论。

别人会将各种评价强加给我们。比如,销售额提高了,评价就提高了;学习成绩下降了,评价就自然下降了。这些也属于评价方式的一种。但是,我们作为这个世界上独一无二的个体的价值是不会改变的。因此,请无条件地承认自己的价值吧,不要在意周围的批判和目光,自由地活出自己的人生吧!不惧怕失败,敢于去挑战,即使失败也要将其逆转为成功!和这样的自己在一起,无论发生什么都没关系的,不是吗?当我们做自己想做的事情时,无论遇到什么都不放弃,只要找到自己想做的事情,发挥出自己的主体性,这大概就是人生的真谛吧!

人类是需要进行人际交往的社会性动物,因此,我们希望能建立起良好的人际关系。这时,我们需要的是豁达变通的心态,而非强加给自己不切实际的期待。如果能以这种全新的心态来面对他人,在人际关系方面的烦恼就会少很多。

这样一来,就能够实现"众乐乐",而非"独乐乐"了。有了这样的梦想,就会"得道多助",经营自己从未想过的人生。

打造一个这样的自己，你就拥有了"第一种"至"第六种思维模式"，也就是自我肯定感、自我导向、成功体质、主体性、开放性心态和共情力，其实这些就是"非认知能力<sup>①</sup>"（将在"序章"之后进行详细介绍）。

接下来，一定要尝试一下1999年诞生于加利福尼亚的"职业生涯构建理论"。这个理论与当前日本广为人知的职业构建理论完全相反，但很多正在开拓自己人生的人们正在实践这个理论。我把它作为"第七种思维模式"送给大家。在找到开拓道路的方法之前，首先要打造一个"无论发生什么都能从容应对的自己"。

关于经营职业生涯的书籍有很多，还有很多书能教会我们如何打造生活方式。但是，在当今的时代，真正需要的并不是学会"开拓道路的新方法"。更重要的是，在巨变的时代，虽然不知道会发生什么，但我们要做一个无论发生什么都会努力开拓道路的人。为此，我们必须掌握社会所需的"新式思维模式"。

在比日本更早一步进入发达国家的美国，仅仅拥有"旧式思维模式"的我，完全不知道该如何去社会中"战斗"。但是，掌

---

① 非认知能力：是诺贝尔经济学奖得主、芝加哥大学的经济学教授詹姆斯·赫克曼提出的概念，至今还没有一个准确的定义，它指的是无法通过IQ（智力商数）、考试分数等数值认知到的能力，包括但不限于耐心、专注力、自控能力、情感能力、社会适应性和人际交往能力等等，也就是说，它指的是作为一个人的"综合能力"，也就是生存能力。

握了"新式思维模式"以后，无论再遇到什么情况，我都能开拓自己的道路。

在现代艺术这个"男性主导"的行业中，我开始在华盛顿创业。当时的我已经50岁了，且是完全的新入行者，作为一名教练重新创业。在创业的过程中可谓是饱经风雨、历尽艰辛，途中阡陌纵横，也曾迷失了方向、一度感到前方一片漆黑，伸手不见五指……我甚至还曾有过一步踏错，坠入深渊的经历……但是，我认为自己之所以能走到今天这一步，是因为我在掌握方法之前，就已经获得了"新式思维模式"，让我无论遇到什么情况，都能够开拓自己的道路。

越是传统的"好孩子"，就越容易产生不安和困惑。我曾经也是这样。但是没有关系，答案就在这里。这本书将会对你经营今后的职业生涯产生重要影响，助你成就自我，让自己成为黑暗里的一道光。

### ■ 培养非认知能力，开启自我改变的原动力

大家好！初次见面，请允许我在这里再次进行一下自我

介绍！我是 ICF[①] 会员（国际教练联盟华盛顿分部）的人生教练——博克重子。

人生教练目前还是一个新兴的职业，你可能会疑惑那到底是干什么的呢？人生教练，是帮助客户设定对自己真正有意义的目标，并且通过目标的实现，使客户过上让自己最幸福的人生的一种职业。从"现在的自己"到"想要成为的自己"，人生教练在这一目标实现的过程中，起到了从旁支持的作用。因此，也可以说成是客户的"啦啦队队长"。

作为人生教练，我的专业就是培养"非认知能力"。2018 年，我出版了《世界最佳育儿》(日本钻石出版社)。随着书籍的畅销，我也被称为"非认知能力育儿的先行者"。目前，主持着专门培养非认知能力的"博克重子的 BYBS 教练课程"。在这里，我培养了 140 多名非认知能力的育儿教练，并与他们齐心协力，致力于在日本全国和世界各地培养女性和儿童的非认知能力。

BYBS 教练课程（BYBS 是"Be Your Best Self"的缩写，意为"有史以来最好的自己"，是我的人生座右铭）包括培养生存能力的非认知能力育儿教练课程、女性职业教练课程、父母教练课程、应试妈妈教练课程、企业的多元化教练课程等。在过去的

---

[①] ICF：是国际教练联合会的缩写，是全球性的领先的教练组织，是世界上唯一一家可以颁发全球承认的教练资质的机构。该组织致力于促进教练技术的职业化发展。其方法包括树立高等级的道德标准，提供独立的证书，以及建立全球认证教练的网络。

4年中，已有一万两千多人陆续参加了教练课程、演讲会和研讨会。实际上，这本书也是第一本面向成年人的非认知能力书籍。

在这本书中，作为非认知能力培养的先行者，我想分享一些真正有用的技能（行动），让生活在巨变时代的你，能够成为一个"无论发生什么都能从容应对"的自己，开拓出自己的道路。你是一个无可替代的美好的存在。使用你的技能，最大限度地发挥自己的优势吧！

### ■ 改变旧思维，成就新自我

在这里，请允许我更详细地说明一下什么是人生教练。人生教练发源于美国，甚至在美国被称为第二大朝阳产业，是一种很受欢迎的职业。同时，也像在健身房雇用私人教练一样，属于一种很普通的职业。

为什么这么说呢？这是因为，它大概率会奏效。教练会设定一个真正有意义的目标，在整个过程中教练都会陪伴左右，直到实现这个目标，在这个过程中使用的就是"技能"（行动）。而并非依靠灌输"加油""只要做一定可以的""拿出勇气"等诸如此的心灵鸡汤。因为心灵鸡汤具有很大的局限性，就好像非要靠意志力去把勺子弄弯一样，既费时费力，又无法保证效果。

当然，"思维认知"也是非常重要的，是一切的源头。但是，仅仅有"思维认知"还远远不够。技能的实践意味着要自己去行动以创造结果。教练的工作就是鼓励和陪伴。也正是因为"技能基础＋陪伴",才会产生效果。这就像私人教练根据客户的需求制订肌肉训练和体重管理的计划一样。通过技能实践来弥补"现在的自己"和"想成为的自己"之间的差距,从而达成目标,这就是教练的职责所在。而且,要想做到无论遇到什么情况都能够开拓自己的道路,所需要的也是技能,而不是精神论。

## 步履铿锵,踏浪前行

本书将介绍美国正宗的"教练方法",其中包括:培养被证明对人生幸福和成功有重大贡献的非认知能力的学校教育概念(社会情绪教育[①])、科学研究和数据,以及作者在多本著作中介绍的非认知能力培养技能、逻辑商业工具,以及考虑到日本的文化和习俗差异而设计的各种技能。为了让大家无论遇到什么情况都能够开拓自己的道路,经营属于自己的职业生涯,本书将分别用七章的内容介绍这七种"新式思维模式",帮助大家实现目标。

当今时代,新旧价值观正在交融和过渡,所以大家才会产生

---

[①] 社会情绪教育:欧美国家在培养非认知能力的教育方面非常发达,在美国,全美的公立学校都采用了这种教育方式。他们将这种教育称为"社会情绪教育"(SEL:Social Emotional Learning),分别在自我认知、自我管理、社会认知、人际关系和决策责任心这五个领域进行培养。

很多烦恼和迷惑。再加上毫无前例可循，更加重了焦虑。不过现在，你再也不必担心了，因为你并不是在孤军作战。

让我们一起掌握未来人生所需的"新式思维模式"吧！接下来要介绍的"七种思维模式"，希望无论什么时候都能照亮你的道路，保护你免受风吹雨打；无论发生什么，都能成为你前行的力量。

衷心感谢大家能给我这个陪伴你们的机会，来见证你们成为最好的自己的过程。因为你是遵从自己的内心来读这本书的，所以你一定可以的，一定可以坚持到底。

重子教练是你的坚强后盾，我就在你的身边！

好的，我们一起行动吧！

博克重子

# 目录

## 序章　拥有"七种非认知能力"，让自己变得更优秀

01　突破自我局限，允许一切发生　/　002
02　"新式思维模式"就是"非认知能力"　/　003
03　本书的使用方法　/　005
04　有效突破自我的四个步骤　/　006
05　关于"BYBS 行为技能"　/　009

## 第一章　提升"自我肯定感"，接受最真实的自己

01　"好孩子"魔咒　/　014
02　一切都始于自我肯定　/　015
03　提高自我肯定感的重要性　/　017
04　自我肯定感过低的影响　/　018
05　高自我肯定感，不等于自负和傲慢　/　022
06　"第一种思维模式"的学习方法　/　022

1

## 第二章　摆脱"以他人为中心",掌握人生的主导权

01　不必太在意他人眼光 / 036
02　拥有对自我的掌控感 / 037
03　把自己放在"第一位" / 039
04　"第二种思维模式"的学习方法 / 048

## 第三章　打造"成功体质",告别完美主义和"习得性无助"

01　什么是"失败体质" / 062
02　告别失败体质 / 067
03　如何打造"成功体质" / 068
04　"第三种思维模式"的学习方法 / 075

## 第四章 唤醒"主体性",提升做事的内在动力

01 摆脱"等待指示的体质" / 086
02 什么是"主体性" / 087
03 拥有"主体性"之人的特征 / 087
04 培养"主体性"需要内在动机 / 089
05 无法拥有"主体性"的三大因素 / 091
06 "主体性"是坚持到底的力量 / 093
07 "第四种思维模式"的学习方法 / 094

## 第五章 以"开放性心态",学会接受新事物

01 什么是"开放性心态" / 108
02 开放性心态的特征 / 109
03 保持开放的心态 / 109
04 开放性心态的关键——"灵活性思维" / 111
05 "第五种思维模式"的学习方法 / 120

## 第六章 培养"共情力",获得更多的支持

01 构建"利己＋利他"的职业规划 / 134
02 抱团取暖,不要"单打独斗" / 137
03 成为"利己＋利他"之人 / 140
04 培养自己的共情能力 / 142
05 幼儿园孩子的共情力 / 147
06 "第六种思维模式"的学习方法 / 149

## 第七章 用"计划偶然性"理论,打造专属的未来

01 传统的职业规划面临挑战 / 162
02 "计划偶然性"是未来规划的关键 / 163
03 计划偶然性,打破职业界限 / 164
04 突破自我局限 / 165
05 培养"5＋1能力" / 169
06 "第七种思维模式"的学习方法 / 170

结束语 / 193

序章

拥有"七种非认知能力",让自己变得更优秀

## 01 突破自我局限，允许一切发生

每当我在演讲会上提出这样的问题，同时也会收到很多令人意想不到并令人兴奋的回答。即使是那些一直说自己"找不到想做的事""我也不知道"的人，也会不由自主地扬起嘴角，生动地说出自己想做的事。但是，当我提出"那就让我们去拥有这样的人生吧"，大家却又话锋一转，"肯定做不到啊……""我根本没有自信""失败了怎么办"，又回到了回答问题之前的状态。

其实，我以前也一直是这样的。虽然口中说着"我也不知道"，但心中还是有一种"如果能这样就好了"的期待，不过，总是在尝试之前就放弃了，认为"反正我做不到……"。

比如，我 20 多岁的时候，曾经梦想去读研究生。当同事们都去外面吃午饭的时候，我为了攒下读研的钱，只吃玉米片喝酸奶充饥，但心里却对自己说："肯定没戏……"因为我觉得像我这样的人，怎么可能有那么大的成就。

同样，我 30 多岁移居美国的时候，我认为自己怎么可能开得了画廊，所以没有尝试就放弃了。这是因为，用"旧式思维模式"培养起来的"思维习惯"阻碍了我的发展。

## 02 "新式思维模式"就是"非认知能力"

在这本书中，我们首先了解了什么是"旧式思维模式"培养起来的思维习惯，再把这种思维习惯改变成为新的思维习惯，也就是能让思考和行动发挥功效的新思维习惯。这样我们就可以掌握新时代事业所必备的"思维模式"，这个"思维模式"具体有自我肯定感、自我导向、成功体质、主体性、开放的心态以及共情力等，这些统称为"非认知能力"。

过去的考试成绩是一种可见的能力，而非认知能力属于"无形的能力"，也可以说是"生存能力"，或者叫作"人格力"。过去一直阻止我们发展的思维习惯，其实就是非认知能力低下的体现。能推动自己前进的新的思维习惯，才是非认知能力强大的体现。也就是说，过去的我，无论读自我启发的书籍也好，尝试着学习职业书籍也罢，结果什么都没有改变，一直浑浑噩噩地生活，所以那时的我就是处于非认知能力很低的状态。

五年前，我曾经写过关于非认知能力的书籍（《世界上最好的育儿》《"非认知能力"的培养方法》）。当时对于这个名词，很多人闻所未闻，而现在已经成为教育界的焦点。如果掌握了这种非认知能力，你就能够——"认识自己，无条件地承认自己的存在，发现自己的价值，珍爱自己；能够控制自己的情绪和行为，学会站在他人的立场思考问题；学会与不同背景的人建立良好关系，使自己成为对社会有用之人作出正确的决策，客观、现实地评估自己的能力，并据此作出判断和行动。"

成为一个这样的人，对于所有的成年人来说都是必要的吧。掌握了非认知能力，就可以在这个风云变幻、未来不确定的时代更好地开拓属于自己的道路。我想您已经理解其中的原因了吧！

在本书中，将介绍多种有效掌握这些"思维模式"的问题和行动（技能）。只拥有"旧式思维模式"的非认知能力低下的自己，和掌握"新式思维模式"提高了非认知能力的自己，所看到的世界会完全不同，敬请期待吧！

## 03 本书的使用方法

在本书中，首先帮助大家发现自己在思考和行动中，有哪些妨碍自己经营职业生涯的坏习惯，并将其改变为物尽其才的好习惯。接下来，我将循序渐进地对这些方法进行说明。

"第一种思维模式"到"第五种思维模式"，从哪里开始读都没问题。你可以从自己认为最需要的"思维模式"开始阅读。对于你自己认为已经拥有的"思维模式"部分，可以跳过。但如果你和我一样，认为自己全都需要，那么最好按照从一到五的顺序来进行。"第六种思维模式"是全员必修课。

在每一章中，都会介绍很多问题和行为（技能），也可以只看自己需要的和自己想尝试的部分。因为对于自己想做的事情，即使反复多次去做，也会比一下子把所有的事情都做完的效果要好得多。所以，请在每章中选择一个行动，先实践三周，以这样的感觉开始吧。对于书中提出的问题，请边思考边阅读，里面带有工作表的，请一定要写出来。

注意，千万不要从"第七种思维模式"开始看，因为很多经营职业生涯的书籍都是以这个内容为开头，而且也结束于此，所以才没有效果。最重要的是，这些方法由"谁"来使用？只有掌握了非认知能力这种"新式思维模式"，才会去实践新的方法，才能最终获得自己想要的结果。这个顺序非常重要，千万不要弄错哦！在本书的纸面教练课程中，通过重新塑造自己的思维和行为模式来提高非认知能力（第一种到第六种"思维模式"），最后养成新的习惯，让这个全新的自己去实践这些方法（第七种"思维模式"）。按照这个顺序循序渐进，一定能经营好让自己感到最幸福的职业生涯！

## 04 有效突破自我的四个步骤

首先，介绍一下有效教练课程的步骤。在我主办的 BYBS 教练课程中，采取以下四个步骤来实现"想成为这样的自己"的目标：本书的每一章都是按照"觉察→肯定→决策→行动"这四个步骤来进行的。

```
第 1 步：觉察。
（觉察到自己思维习惯中的问题。）
        ⇩
第 2 步：肯定。
（不否定自己，接受这样的自己。）
        ⇩
第 3 步：决策。
（决定培养新的思维习惯。）
        ⇩
第 4 步：行动。
（"BYBS 技能"实践。）
```

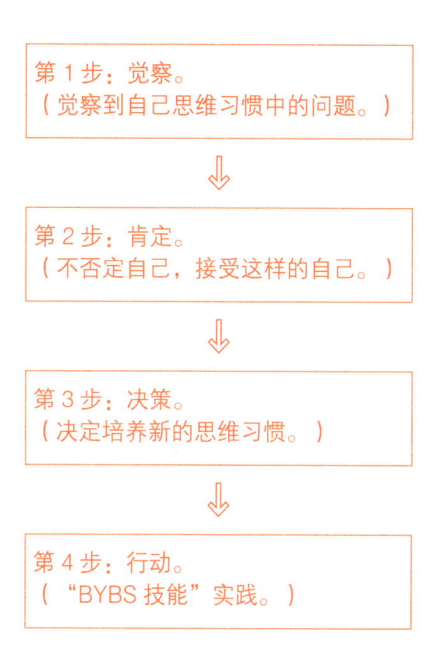

第 1 步：觉察。通过回答问题，你会发现是自己现有的思维习惯妨碍了你构建自己想要的职业生涯。

第 2 步：肯定。不要因为自己的思维习惯中存在问题就否定自己，而是要肯定自己，认可"这样的自己也是我自己"。

第 3 步：决策。决定想要得到的结果（决定培养新的思维习惯）。

第 4 步：行动。将决策付诸行动（技能）。通过实践将其习惯化，改变自己的思维习惯。

接下来，介绍一下接受过博克重子教练课程的客户们的反馈：

- 接受3个月的教练课程后,我发现自己已经和之前完全不同了,才发现原来自己拥有这么多能力,让自己每天都感觉精神抖擞。
- 通过技能实践,我真切地感受到:只要改变对自己的看法,人生就会发生真正的改变。
- 接受3个月的教练课程后,我在看待工作和看待自己时,都转变成了积极的思维习惯,在行动时比以前自信多了。
- 真是醍醐灌顶!我虽然很想过自己想要的生活,但却一直畏首畏尾,原来是缺少"非认知能力",让我有种茅塞顿开的感觉!
- 我在公司接受过几次教练课程,博克老师的讲座案例非常通俗易懂,令人感同身受,给自己一个很好的换位思考的机会!
- 真的令我茅塞顿开!当被问到"你热爱什么"时,我的大脑里一片空白,这才意识到,一直以来我的人生都是浑浑噩噩度过的,我决心要改变自己的未来。
- 就在我苦恼于后半生该如何度过的时候,我遇到了这个"非认知能力的培养方法"。在此之前,我也曾想过一定得按照设定好的道路前进,但此刻,我意识到了自己选择道路的重要性。

## 05 关于"BYBS 行为技能"

我提出所有行为（技能），都是以两方面为基础的，那就是教练基本原则中最基本的"改变视角"和"开阔视野"。

当前"现在的自己"和将来"想成为的自己"，这二者之间为什么会有差距呢？那是因为"现在的自己"的思维和行动，对于实现"想成为的自己"这个目标来说并未发挥作用。如果它能发挥作用的话，你早就应该变成"想成为的自己"了。既然一直这么做都没有效果，就需要改变"一直这么做"的方式。实践虽然属于一种技能，但要想实现目标，还需要学会从不同角度看待事物，产生多样化的观点的技能。如果你始终墨守成规、思想僵化，就无法实现自己的目标。所以，我们需要"改变视角"和"开拓视野"。

### ■ 改变视角——"视角重置"

我们已经习惯于"管中窥豹"，其实，只要换一个角度，即使是同样的东西看起来也会完全不一样。这就叫作"改变视角"

（视角重置）。这种视角重置的技能，足以改变你的人生。最著名的视角重置案例是"半杯水"实验。

有一只装了半杯水的杯子。你意识到的是"杯子里只剩半杯水了"还是认为"杯子里还有半杯水呢"？如果认为"只剩半杯水"，总觉得有种吃亏的感觉。但如果认为"还有半杯水"的话，就会有种满足感。这就是看待事物的角度不同，感受也会产生巨大的差异。对于同样的事物，要敢于从不同的角度去看待，你才能发现在过去的人生中看不到的可能性和选项。

## ■ 不断开阔视野

这里我们来做一个小实验。现在给你 10 秒钟的时间，请你迅速数一下房间里有多少黄色的物品。好了，10 秒钟到了。现在我来提问。蓝色的物品有几个？

因为我让你数的是黄色的物品，所以你压根就没有注意到蓝色的物品，对吧？没错，我们身边其实充满了各种各样的颜色，但是，由于我们告诉自己应该看黄色，所以我们就只能看到黄色了。就这样，人生的可能性和选项被自己人为地缩小了。但是，如果你敞开心扉，开拓视野，就会看到一个完全不同的世界。请一定要学会"改变视角"和"开拓视野"这两项基本技能，以实现自己的目标。

## ■ 跬步千里，小流汇海

新习惯的培养过程，要达到有意识的行为习惯至少需要 3 周，而要形成无意识的自觉行为则需要 3 个月。所以，不要急于求成，让我们直面自己，然后循序渐进。如果能有立竿见影的效果固然很赞，没有也没关系，因为从跬步至千里的过程，也会将这种一次性的效果变成习惯。

以减肥为例，如果节食两天，估计马上就可以减掉 2 千克，但由于自己除了节食以外并没有做出其他改变，所以马上就会反弹。随后，因为反弹而郁闷，再度尝试节食，陷入无尽的循环之中。但是，如果你花了 3 个月的时间减掉了 2 千克，虽然进展缓慢，但通过养成良好的饮食和生活习惯而减掉的 2 千克，是很难反弹的。即便真的反弹了也不必担心，因为我们已经掌握了恢复身材的技巧。形成了这种根深蒂固的习惯，无论什么时候都会带着自己走向目标。改变思维习惯最有效的也不是魔法，而是脚踏实地实践技能的你。

反复实践技能的过程，造就了一个"无论遇到什么情况都能够开拓道路"的自己，成为黑暗来袭时照亮自己的一道光。那么，就让我们从这里开始，为了经营适合自己的职业生涯，掌握这"七种思维模式"吧。

好的，让我们一起开始做吧！

## 章节总结

掌握经营适合自己的职业生涯的"思维模式"——"非认知能力"。

教练课程是以技能(行动)为基础的,所以才会奏效。

教练技能的基础是"改变视角"和"开拓视野"。

教练课程是按照"觉察→肯定→决策→行动"这四个步骤来进行。

跬步千里,养成习惯。

# 第一章

## 提升"自我肯定感",接受最真实的自己

## 01 "好孩子"魔咒

难以肯定自己的人,很可能是因为你一直在学着如何把自己套牢在"好孩子模式"里。如果考试没考好,或者哪里做得不如别的孩子,就会认为自己偏离了"好孩子模式",让父母失望了,所以更加否定自己,认为自己什么都不行。但是,永远会有比自己能力强的人。你是不是经常会这样对自己说:

- 为什么做不到呢?
- 我不行!
- 反正我肯定做不到!
- 估计又要失败了!
- 我一无是处!

你之所以会在不经意间说出这样的话,正是因为没能肯定自己的个性,觉得自己不重要,结果就会让自己越来越"废柴"。这样下去,一旦遇到暴风骤雨,心里的支柱就会坍塌。所以,首先要掌握第一种"思维模式"——"自我肯定感",从而让自己的内心更加成熟、强大。

## 02 一切都始于自我肯定

我经常会想,为什么我以前会如此否定自己呢?如果现在我能和35岁的自己说句话,我很想对她说:"你现在这样很好。"

的确,我周围有很多人活得很耀眼且令人羡慕,似乎什么都可以唾手可得。相比之下,我没有什么职业生涯可言,没有人脉,也没有经验,更没有金钱。因此,我一直抱着"我不行"的想法混日子。但是,我自己真的就一无是处,毫无价值吗?现在的我可以立刻回答自己:当然不是。之所以当时我会那么想,是因为我的思维出了问题。我的问题并不在于自己"一无是处",而是无法认可"自己",无法认可"自我存在"。

要想无论遇到什么情况都能够开拓自己的道路,经营自己的职业生涯,首先必须肯定自己。这是因为,一个被否定的存在,终将一事无成。对于习惯低估自己,总是认为"我不行"的人,一定要提升"自我肯定感",养成不管发生什么事都"珍爱自己"的新习惯,掌握第一种"思维模式"吧。

"但是,我……"你的这种不安,我非常理解。因为我曾经同样感到过不安,怀疑自己"真的能做到吗"。但是,这个曾经一无是处的我,现在也通过实践技能,提高了自我肯定感。所以,你也没问题的!你一定会养成肯定自己的新习惯。

因为你其实是很爱自己的,也很想好好地珍惜自己。

POINT:通过视角重置(改变视角)引入正面思考的新习惯,提高自我肯定感。

基本视角重置:

聚焦负能量 ⇒ 视角重置 ⇒ 聚焦正能量

## 03 提高自我肯定感的重要性

自我肯定感高①的人有以下特征：

- 采取主动行动。
- 能够快速振作起来。
- 能够建立良好的人际关系。
- 正能量。
- 不惧失败。
- 很少因为与别人比较而感到失落。

---

① 目前，自我肯定感的定义有时会和"自尊心"（self esteem）作为同义词使用，有时会被用于更广泛的领域，同时，在心理学、学校教育、心理咨询等专业领域中的意义和使用方法也不尽相同。
自尊心研究的先驱者莫里斯·罗森伯格博士的研究表明，自尊心分为两种不同的方面：认为"自己很好"，认为"这样的自己就很好"。
这并不是与人比较之后得出的"很好"，也不是在"自己会做某事"的条件下才认可自己。而是无条件地认为"自己很好"或认为"这样的自己就很好"。
因此，本书并不探讨广义的自我肯定感，而是把最接近英语原意的"self esteem"的翻译——"自尊心"（如实地接受自己，无条件地认可自己的价值）作为自我肯定感的定义。

拥有这种特征的人，无论遇到什么情况都能够开拓自己的道路，经营好属于自己的职业生涯。

我认为，自我肯定感是非认知能力的关键。因为一切改变都是从重视自己、认可自己的价值开始的。所以说，自我肯定感是首先要掌握的第一种"思维模式"，也可以说是最强的"思维模式"！如果没有培养出健康的自我肯定感，就很难主动付诸行动，也很难不惧失败、敢于挑战，无法继续前行。但遗憾的是，随着年龄的增长，自我肯定感也会有下降的趋势。

## 04 自我肯定感过低的影响

在这里，我想谈一谈关于日本人自我肯定感的一些令人关注的数字。2014 年，内阁府对包括日本在内的 7 个国家（德国、法国、英国、美国、瑞典、韩国）的 13 岁至 29 岁的 7431 名年轻人进行了意识调查。结果显示，日本人在"是否以自己为豪""自己是否有优点""对自己是否满意"等问题上的回答都低于平均水平。

调查的结论是："日本儿童和青年人的'自我肯定感'随着

年龄的增长而降低，虽然身处和平富足的日本，却感到焦虑不安、缺乏自信、对未来没有希望、感到无聊乏味、提不起干劲，这样的年轻人的比例在不断增加。"

日本国立青少年教育振兴机构[1]开展的国际对比调查也显示，日本高中生的自我肯定感最低。而且，随着年龄的增长，甚至会越来越低。此外，联合国儿童基金会于2020年发布的幸福度调查结果显示，日本儿童的幸福度在38个国家中排名第37位，倒数第二。

造成自我肯定感低下的原因，除了感觉自己能力不足以外，还与受到的表扬少、无人倾听、总是被批评等有关。不难想象，他们长大成人后，自我肯定感依然会很低。显然对于他们来说，想要开拓自己的人生绝非易事。所以，如果你也有这种思维习惯，就让我们一起找出原因，做出改变吧。但你也不必为此而感到焦虑，因为不仅你一个人会陷入这种思维模式。在现实中，有这种思维习惯的大有人在。甚至可以说，每个人都或多或少有过这种习惯。

自我肯定感低下的原因，除了过于想成为一个"好孩子"，低估自己的能力以外，还有一个原因就是"负面偏见"。

---

[1] 日本国立青少年教育振兴机构，是独立行政法人机构，旨在促进日本的青少年教育，促进青少年的健康发展，为青少年提供更全面、系统和一致的体验活动，以应对与青少年有关的各种挑战，培养和提高青少年教育指导者的素质，调查和研究青少年教育，促进与相关机构和团体的联系，并资助青少年教育组织开展活动。

### 自我肯定感低下的主要原因①：负面偏见——大脑很容易陷入负面思维。

你会不会因为别人的一句"今天的衣服好奇怪"而闹心一整天？一次失败的经历，会让你痛苦很多年，而被赞扬的经历和美好的事物很快就忘了……是因为我们的内心脆弱吗？不，事实并非如此，这其实和大脑的特性有关。

据不完全统计，我们大脑每天会产生数万个想法。其中，负面的会占据大部分。所以，我们很容易被负面的事物所左右。看到这里，是不是感觉松了口气呢。这种"负面偏见[①]"，听起来似乎是个贬义词，但对于人类来说，其实是非常必要的东西。

"负面偏见"也被认为是原始社会遗留的痕迹。在原始社会，人类的生存威胁与现在不能同日而语。为了生存，人类的大脑需要敏感地感知威胁。那时候的人类必须始终保持谨慎，随时准备快速应对攻击或迅速逃跑，否则就无法生存。在现代，虽然生存环境已经非常安全，无须大脑时刻感知危险，但人类的大脑中依然还残留着这种天性。

由于负面偏见的作用，无法完成的事情或失败的经历会强烈地刻在脑中。随着我们的成长，做不到的事情、做错的事情、令人失望的事情等负面经历会越来越多。而它们会因为负面偏见的

---

① 负面偏见：心理学术语，负面偏见指与正面信息比，人们对负面信息有更大的敏感性。

影响，被强烈地留在记忆中。反之，成功的经验会被忽略或被遗忘，从而不断地形成一个"废柴的自己"的负面看法，无法肯定自己，认为"自己不行"，从而走向自我否定。

**自我肯定感低下的主要原因②：比较。**

另一个自我肯定感低下的原因是比较[1]。即使我们知道"不要去比较"，但还是会情不自禁地去做比较。而且，在网络时代，做比较是一件非常简单而且范围很广的事情。当你看向周围的世界时，发现很多人都散发着耀眼的光芒，你在不知不觉中就会产生"和那个人相比，我……"的感觉。这样一来，你的自我肯定感就会慢慢下降。也许，**降低自我肯定感的罪魁祸首就是"比较"。**

不过，之所以会不由自主地进行比较，这并非因为心理脆弱，而是出于本能。

越想着"不要比较"，越会觉得"自己不行"，随之越来越感到沮丧失落。不过没关系，从现在开始解放自己，帮助自己从这种"自我伤害"中解放出来吧。比较是一种天生的本能，**我们不必停止比较，只要适量控制就可以了。** 稍后，我将介绍这种技能。顺便提一句，我认为日本文化中根深蒂固的"谦逊"观念，也是自我肯定感低下的原因之一。这是因为，即使受到了表扬，

---

[1] 社会心理学家利昂·费斯廷格在1954年提出了社会比较理论，即："人类会本能地将自己与他人进行比较。"我们会把自己的容貌、能力，以及所拥有的资源等与他人进行比较，从而确认自己在社会中的位置。

也要对自己说"不，这没什么"！然而，语言是有自我暗示作用的，这样的语言真的会让自己觉得"自己没什么了不起的"。所以，我不会妄自菲薄，而是会大方地感谢对方。同样，我也会赞扬对方，实现双赢，互相提高自我肯定感。

## 05 自我肯定感，不等于自负和傲慢

罗森伯格博士曾经说过："拥有高度自尊心的人，给人的感受完全不同于自负之人和傲慢之人。"真正地认可自己，就是要如实地接受自己本来的样子，而不是无视自己的现实存在，或者试图展示自己、目中无人。

## 06 "第一种思维模式"的学习方法

关于自我肯定感低下的主要原因，提出三个问题。今后的教练课程将通过四个步骤，实践改变思维习惯的技能。选择哪个，

取决于哪个问题能够刺痛自己的内心。即使全部都有，也不要一次性实践三种技能，而是要确定好优先顺序，逐一进行实践。

## ■ 开始教练课程

从现在开始，就进入正式的教练课程了。为了经营符合自己的职业生涯，通过课程的这四个步骤，把"阻碍自己发展的旧的思维习惯"改变成"有效发挥作用的新的思维习惯"吧！

对于书中提出的问题，请边思考边阅读。里面带有工作表的，请一定要写出来。

第 1 步：觉察。
（觉察到自己思维习惯中的问题。）

⇩

第 2 步：肯定。
（不否定自己，接受这样的自己。）

⇩

第 3 步：决策。
（决定培养新的思维习惯。）

⇩

第 4 步：行动。
（BYBS 技能实践。）

## 问题1：你真的没有优点，也没有值得自豪的地方吗？

**POINT**：不要寻找自己不足的地方，而要寻找自己"充足"的地方。由于负面偏见，人们往往会把目光集中在那些自己无论如何都做不到的地方。从现在开始，让我们敢于把目光投向积极正面的方向。

第1步：觉察。总是关注自己不足的地方。在看到这个问题之前，你是不是总是看到自己的不足之处？

第2步：肯定。即使没有优点，我也是独一无二的自己。我接受这样的自己，绝不否定自己。

第3步：决策。把目光投向自己的优点，对自己做出积极评价。

| 我有很多缺点，所以我不行 | ⇒ | 视角重置 | ⇒ | 我也有很好的一面 |
|---|---|---|---|---|

从现在开始，要养成关注自己优点的习惯，并决定对自己的优点作出积极评价。

第4步：行动。通过对自己"积极财产的可视化"，聚焦自己的优点。想要成为寻找正能量的专业人士，最重要的是不要放过任何一个小的优点。

我们有一种先入为主的观念，认为"优点必须是大事"。也正因为如此，我们才会错过自己的很多优点（但如果是缺点的话，即使再小的缺点也不会放过）。

因此，要大大降低"优点"的门槛。

"今天，某某先生对我说了谢谢。"这也是一笔很好的积极财产。我每天都会在 Instagram① 上记录"今天的幸福"，每天都有小小的幸福，真的很开心。比如，发现了一本很棒的书，或者不期而遇的好天气等。刚开始的时候，可能有人会怀疑："这么小的幸福真的有用吗？"但这种小确幸确实能够成为我们前进的动力。

一定要切实让自己感受到被很多正能量所包围，同时也要留意到，原来自己有很多美好的一面被遗忘、被错过。在这些训练的过程中，你会逐渐养成习惯，会经常关注到自己正能量的一面。这样一来，你的思维就会自然而然地朝着积极的方向发展。而且，也会逐渐关注到他人的优点。你的目之所及将不再是消极的事物，而都是积极的事物，你会看到一个完全不同的自己和完全不同的他人。

### ■ 工作表：可视化积极财产

通过下一页的"可视化积极财产"工作表进行训练，能够找到自己内心积极的一面，让思维也变得积极起来。请回忆过去生

---

①Instagram：简称 Ins.是一款非常受欢迎的社交服务软件，以一种快速、美妙和有趣的方式将随时抓拍下的图片分享彼此。

活中发生的事情，并将其填写到工作表中。表中列举的东西，将成为你的"积极财产"。请一定要用笔写出来，将其"可视化"，让自己知道原来自己拥有这么多了不起的财产。

| 什么事情能让你表扬自己"太棒了"？ |
|---|
| 什么事情让你面对困难能够坚持到底不放弃？你是怎么做到的？ |
| 你的人生中，最快乐的回忆是什么？ |
| 到目前为止，你在学校、职场及兴趣爱好方面学到了什么？ |
| 你认为自己的特长和优势是什么？哪些方面让你觉得自己不会输给别人？ |
| 在做什么的时候，你会自然而然地露出笑容？甚至热衷到废寝忘食的程度？ |
| 谁会为你加油？ |
| 你喜欢自己的哪个部位？ |

问题2：是因为得到了别人的表扬和认可，我们才拥有了自己的价值吗？

POINT：你并不是因为表现好才有价值，你的存在本身就是价值。如果我们能力不足或者不被人赞赏，就没有存在的价值吗？当然不是，此时此刻，你的存在本身就是价值。如果你已经身为父母，那么请回忆一下当孩子出生的那一刻，你想到的是什么？是不是心中想着"感谢你的到来"？那时候的你单纯地在感谢这个事实，对吗？但是，随着孩子逐渐长大，父母开始对孩子寄予各种期待和愿望，希望他变得更好，希望他会做得更多，完全忘记了感激他降生时的那份心情，一味地将有条件的存在价值强加在他身上。这么一想,你是否就会觉得他现在依然好好地存活在这个世界上,就已经足够?对于自己来说也是一样的,现在的活生生的自己已经足够了不起了。

第1步:觉察。好孩子 = 有价值,这个逻辑是错误的。活着并不是一件"理所当然"的事情,很多偶然和幸运叠加在一起,我们才能活到现在。所以,我们的存在本身就是一件很棒的事情。

第2步:肯定。即使得不到称赞和认可,我自己也是很棒的人。即使失败了,你存在的价值也不会改变。失败只是一个既成事实,并不等于自己就没有存在的价值了。成功也并不意味着你的存在价值就会提升,无论成功还是失败,你都是独一无二的伟大存在。

第3步:决策。不要将自我价值的评价交由其他人或任何外部因素来决定。

| 因为我表现好所以有存在的价值 | ⇒ | 视角重置 | ⇒ | 我无条件地拥有自己存在的价值 |

受到表扬时自我肯定感提升,受到批评时自我肯定感下降,这种状态就是将自我肯定感的控制权交给别人了。请不要再让自己身处这种状态之中了,请收回对自我存在价值评价的控制权,永远不要放手。

第4步:行动。通过"自我关怀"来珍爱自己。最珍爱自己这个重要存在的人，就是自己。为了让大家能够无条件地认可自己的价值，我在这里介绍一种"自我关怀"的技能。自我关怀就是指善待自己（珍爱自己）。无论好坏，自己的存在都是最重要的，这一点不会有任何变化。也就是说，要养成善待自己的习惯，提升自我肯定感。而且，能够肯定的是，自我关怀做得越好的人，幸福感越高。

## ■ 好好善待自己

你只需要做一件事，在临睡前，只要对今天的自己说一句安慰和感谢的话就可以了，连一分钟都用不上。"善待自己"，顾名思义，就是温柔地对待自己，并向自己传达"我很珍爱你"的信息。"善待自己"也是自我关怀中最重要的要素。比如，我每天睡觉前都会对自己说"今天你做得很好"。短短的一句话，令自己的心温暖又柔软。这个习惯是推动自己前进的巨大动力，你会因此觉得自己十分值得被爱，和这样的自己在一起，无论什么时候都会充满正能量，会生活得很开心。

进行自我行为监测，会让这种技能实践更加有效。所以，每当自己温柔地鼓励自己以后，一定要在笔记本上打钩记录。如果每周对自己的"自我关怀式鼓励"能够达到7个，坚持一年就有365个（或366个），那么，你对自己的珍视程度显而易见。这种自我关怀式鼓励，对于不习惯的人会感到很尴尬，甚至很难做到。所以，除了我自己的实际经验以外，再给大家分享一个简单的方法，那就是像跟最好的朋友一样对自己说话。

我们一般是不会对好朋友说"你怎么失败了呢！这可不行啊"之类的话吧。我们会发自内心地为他们着想，关心地劝解朋友说："胜败乃兵家常事，没关系的，一定能解决的。"同样，你只需要对自己做相同的事就可以了。只要对自己说"今天的这件事你做得太棒了""今天也很努力""今天辛苦了，好好睡一觉吧"就 OK 了。

### 问题 3：你是否会因为与别人比较而感到沮丧？

POINT：并非停止比较，而是要在自己的可控范围内进行。

与人比较是人之常情，想停止是不可能的。既然如此，让自己可以控制这种比较就可以了。我们习惯用看得见的东西来进行比较。实际上，这就是问题所在。因为别人不会展示他们的缺点，我们也看不到其光鲜背后的实际情况到底是怎样的。反之，我们却最了解自己的弱点。因此，当我们将自己与他人进行比较时，往往容易把自己的弱点和对方的优势进行对比。估计这是一场自己永远都赢不了的比赛吧。大家不觉得这就像是让自己特意去打一场败仗吗？

第 1 步：觉察。感到沮丧很可能是因为过度比较造成的。生活中，无时无刻不充斥着各种比较，每比较一次，就会让自己沮丧失落一次。有时候，和那些发光耀眼的人比较后，我们就会产生"自己真的很糟糕"的感觉。

但是，比较其实是一种本能！了解了这一点，大家就可以松一口气了。这是因为，我们并不是因为没有自信或者嫉妒心强才去和别人比较。

第 2 步：肯定。比较后，无论感到沮丧失落还是觉得自己赢了，自己依然是那个自己。正因为与人比较是人之常情，所以我们很难不去比较或者强行停止比较。最后的结果是："哎呀，我怎么又和别人去比较了。"其实，最重要的是，不要否定那个喜欢比较的自己，要接受这样的自己，思考比较之后该怎么办就好了。

第 3 步：决策。不要成为比较的牺牲品，要通过比较促进自己成长。

| 不应该去比较 | ⇒ | 视角重置 | ⇒ | 通过比较促进自己的成长 |

我们决定，通过比较，让自己成长，这样就可以了。

第 4 步：行动。在"建模"中，建设性地利用比较的"触发榜样行为"技能。"触发榜样行为"技能被认为是较为有效的比较方式，通过"向上比较"的技能来促进自己的成长。与别人做比较的时候，所消耗的能量是惊人的。如果能积极地将其加以利用，不但不会浪费能量，还会将这种能量发挥出更有效的作用。

这正是积极的"思维模式"。

在这里，我们将通过"建模理论[①]"来进行积极正面的比较。

## ■ 积极使用"向上比较"

我们在什么时候最容易去比较呢？是不是当你看到别人的手里拿着你想要的东西的时候呢？在这种情况下，我们很难做到不嫉妒……因此，与其让嫉妒消耗我们的精力，不如将嫉妒转化为让自己成长的能量。

在我主持的BYBS教练课程中，有一项是"培养非认知能力的3个月育儿教练课程挑战"，我称之为"触发榜样行动"。触发器就是那些让自己跑去进行比较的人。顺便说一下，如果你想要的东西只是字面意义上的"物质"，你的人生也就仅仅终结于单纯的物欲而已。本书的目的是让大家成为能够开拓自己未来之路的人，并建立自己理想的职业生涯。所以，在这里，我将大家想要的东西仅设定为职业生涯和生活方式，在此基础上进行进一步

---

[①] 建模理论（社会学习理论）：由以自我效能感理论而闻名的阿尔伯特·班杜拉博士提出，建模理论认为"人类可以通过观察并模仿他人的行为来学习进步"。这个理论最有名的是20世纪60年代的一个实验"波波玩偶实验"，当孩子们看到成人攻击波波玩偶后，他们也会对波波玩偶采取攻击性的态度。而当孩子们看到成人不再攻击波波玩偶时，他们的攻击性态度也几乎消失了。
由此确立了一种理论，即不仅可以通过行动来学习，还可以通过代理体验去学习。在培养非认知能力的教育中，建模理论也非常重要。孩子们可以通过观察并模仿具有高度非认知能力的榜样，有效地培养非认知能力。

的阐述。

请按照以下步骤，通过建模来学习如何建设性地向上比较：

①选择比较的对象：
- 能够带给自己正能量的人。
- 仰慕之人。
- 憧憬之人。

②观察：
- 为什么对这个人的评价这么高？
- 怎样才能达到这个程度？

这个人和自己的不同之处在哪里？这才是建模的初衷，请认真观察，仔细调查。如果这个人是你身边亲近的人，请试着和他聊一聊。自我肯定感高的往往会愿意和你交流，会给你很多建议。而自我肯定感低的人可能会对你的动机产生怀疑，这时，换一个交流对象会比较好。

③找到可以模仿的事并付诸实践：
- 找到虽然很小但可以立刻实践的事。
- 不追求同样的立竿见影的效果。

如果你与比自己优秀的人去比较，结果只会让自己感到自卑的话，那就本末倒置了。为了避免这种情况的发生，你需要找到一些现在立即就可以采取行动的小事情。不要急于追求结果，要享受过程的快乐。正是因为，经历了这个过程，才能将其深深地扎根于心，最终取得成功。

当我们看到自己憧憬之人时，通常只关注于他们所取得的成果。但是，这些人也都有着自己的经历。当我们进行调查时，会猜想他们所经历的过程到底是怎样的，这会让我们在感到兴奋的同时，认为自己也能做到。以这样的方式来进行比较，就是一种积极的做法。

## 章节总结

人类的大脑在一定程度上很容易陷入负面思维。

导致自我肯定感下降的因素包括负面偏见和比较。

如果对自己持有负面看法，会导致自我肯定感下降，甚至对任何事都感到无能为力。

自我肯定感可以通过技巧来提升，无论任何时候，任何人都可以做到。

提高自我肯定感与过度自信、傲慢或自负是不同的概念。

第二章

摆脱"以他人为中心",
掌握人生的主导权

## 01 不必太在意他人眼光

"枪打出头鸟"这句话束缚了很多人。这种思维模式认为，和别人一般无二才是对的，引人注目是不好的，过于优秀也是不对的。虽然"察言观色"有时也很重要，但说到底，最终还是要听从大多数人的意见，而不关注自己的感受。在这种情况下，大多数人的想法和决定优先于个人的想法和决定。但是，这个"大多数人"究竟是谁？是社会上的人，还是周围的人？

我们为了避免与众不同，开始在意周围人的眼光和意见，这就是"以他人为中心"的生活方式。

以他人为中心的生活方式会导致我们只会听从别人的答案，放弃自己的观点，只会听从别人的指示，不会自己做决定。这种生活方式真的幸福吗？真的有自我存在感吗？

当原本认为道路只有一条的人，突然发现前方出现了五个岔路口，这些以他人为中心的人就会陷入困境，他们只能呆呆地等待，直到有人指示他们该怎么走。然而，在这个混乱的时代，已经没有人会给你指示了……

在这里，我需要获得第二件"思维模式"——"自我导向"，以掌握自己人生的主导权。

POINT：通过培养"自我主张－自我决策"的新习惯，掌握自己人生的主导权。

## 02 拥有对自我的掌控感

美国著名的幸福研究心理学家丹尼尔·吉尔伯特博士说："对于人类来说，掌控事物本身就是一种愉悦的体验。""人类并非想要通过掌控来获得未来，而是掌控本身就会让人愉悦，这是人类大脑与生俱来的基本欲望之一"。也就是说，相比听令行事，人们更愿意按照自己的意愿行动，从而发现乐趣。其实，我们天生就应该根据"自我导向"去生活。但是，大家有没有反思过，自己过去的想法和行为其实已经偏离主旨了呢？

接下来，让我们来看看"以他人为中心"的人和"以自我导向行动"之人的区别吧。

**以他人为中心生活的人：**

| |
|---|
| 看别人的脸色，焦虑不安。 |
| 只会察言观色，迷失自我 |
| 没有自己的观点。 |
| 将"什么是正确答案"作为判断标准。 |
| 把"应该做什么"挂在嘴边。 |

**以自我导向行动的人：**

| |
|---|
| 根据自己的判断标准而行动。 |
| 尊重自己和他人的价值观。 |
| 对自己的观点和行为负责。 |
| 将"什么是自己喜欢的和对自己来说重要的事物"作为判断标准。 |
| 把"我想做什么"挂在嘴边。 |

以他人为中心之人的特征，简直就和刚刚移民到美国时的我是一模一样的。经常将"应该做什么"挂在嘴边，而非"我想做什么"。即使想做某件事，也会害怕"这样做对吗"，担心周围人的反应，总是在意别人的眼光和评价。就连穿衣服，都无法按照自己的喜好去选择。我也曾有过这样的经历，由于担心被女儿幼儿园的那些传统保守的妈妈们说闲话，所以把我在伦敦购买的充满现代艺术感的衣服全都扔掉了。

## 03 把自己放在"第一位"

　　当时的我可以说就是过着这种"水母一般的人生"。水母并不擅长游泳，只能随波逐流，漂浮不定。它的目的地是由水流决定的，它能够到达哪里也完全取决于水流。这就是以他人为中心的人生。因为没有自己的意志（不擅长游泳），所以只能随波逐流地生活，放弃了自己的人生主导权。虽然这样也是一种人生，但真的是你想要的人生吗？

　　有人为你决定了所有的事情，真的就能放心了吗？如果他们错了，他们会为你的人生负责吗？他们会帮你调整道路吗？人们只会竭尽全力去保护自己，你的事情只能排在其后。只有自己才能为自己的人生负责，因为生活在你的人生中的正是你自己。这就是为什么我们需要拥有自己的想法，在适当的时候坚持自己的观点，选择最适合自己的事物，并学会为自己的选择承担责任。

　　确实，我们自己的情况很可能会发生变化。但是，只要我们掌握了这种技能，即使发生了什么事情，我们也可以保护自己并继续前行。即使突然出现五条岔路，我们也可以坚持自己的想法并选择自己行路的方向。

为了掌握这种技能,我们将进行一些与视角重置相关的练习。

基本视角重置:

以他人为中心的人生是安全的 ⇒ 视角重置 ⇒ 以自我导向行动的人生才有意义

如果你感觉自己像当时的我一样被"和别人一样"的想法束缚着,那么请一定要掌握第二种"思维模式"——"自我主导",重新找回人生的主导权。

为此,你需要摆脱两个"不肯"。如果你始终"不肯坚持自我主张""不肯自己做决定"的话,你将永远生活在以他人为中心的人生中。

## ■ 检查自我主张和自我决策的程度

接下来,检查一下你的自我主张和自我决策的程度吧。

首先,要分析自己"以他人为中心"的程度如何,或者自己"自我导向"行动的程度是否比自己想象得高呢。

自我主张程度:

☐ 不擅长举手提意见;

□虽然有意见，但害怕有人反对或批评而不敢说出来；
□担心说得和别人不一样而不敢开口；
□会议结束后才后悔自己没有说出来；
□和敢于发表自己意见的人在一起，会感到嫉妒和不自在；
□不好意思说自己不知道；
□其实根本就没有自己的观点。

自我决策程度：
□对自己做决定没有自信；
□马上去寻找"正确答案"；
□猜测："别人会怎么做呢？"；
□先看情况再决定；
□害怕承担责任。

你中了几个？就算全部被说中，也没关系。认为自己不具备自我主张和自我决策能力，并不只是你一个人的问题。我本人也曾经有这样的经历。我的情况是，在20多岁时没有一份让我引以为豪的职业，而且由于担心"枪打出头鸟"，所以完全被两个"不肯"所支配着。

摆脱第一个"不肯"：不肯坚持自我主张。

自我主张的交流方式：自我主张似乎给人的感觉是只顾自己

的"主张"。因此,它被赋予"强势、爱出风头、自我吹嘘"等不太好的印象。但其实,自我主张也有很多种形式。其中,主要的形式包括:①辩论;②命令和指示;③探讨(讨论)。

①辩论:

例如,当遇到自己必须坚持的主张时,就需要用到"辩论"的形式。即使逻辑上有破绽,也不放弃自己的主张,一定要赢得胜利。这就是通常认为的自我主张,但实际上这只是自我主张的形式之一。而且,在日常生活中,并不总是需要这种辩论式的主张方式,只是经常被误以为自我主张就是需要这样做。

如果双方只会用各自认为正确的论点互相攻击而导致争吵时,通常是由于他们不了解还有其他的主张方式。这种做法会给自我主张带来非常糟糕的印象,并且会使"想要自我主张"的感觉逐渐消失。

②命令和指示:

这也许是我们最熟悉的自我主张的形式,而且通常我们很容易接受这种方式。

我们对于父母、老师或上司提出的观点和主张,总会认为是正确的,所以根本不可能提出不同的意见。

如果对老师的主张提出意见,可能会被斥责"不尊重老师"或"目中无人",而且还可能会影响到在校成绩。如果对上司的主张提出反对意见,可能会因为"顶撞上司"而影响考评。因此，我们往往会选择沉默。如此循环反复，我们就会逐渐失去自己的意见，变成为了安全起见，只会等待别人给予自己指示的行为模式。

③探讨（讨论）：

这是一种通过解决问题和交换意见来找到最优解决方案的方法。这种方法最重要的并不是"获胜"，而是相互尊重，肯定对方的意见，并共同寻找双方都能接受的最佳答案或问题的最佳解决方法。在我们的日常对话中，其实大多采用的是这种形式的沟通技巧。双方都或多或少各有输赢，不会出现你胜我负的情况，所以更容易表达出自己的意见，而且双方都会感到开心，因为他们都多少获得了一些胜利。

但现实中，我们最缺乏的就是对这种沟通方式的训练。本来，这是一种健康的自我主张的方式，但在学校里不教，回家也不实践。因此，可以说，我们根本不知道如何进行真正意义上的自我主张。所以，我们感觉自己不擅长自我主张是很正常的事情。

你倾向于哪种自我主张形式呢？

我在结婚之初，主要是以辩论和命令或指示的自我主张方式为主。尤其是在育儿方面，经常挂在嘴边的话就是"我是最懂的，你们按照我说的去做就行了"或者"为什么不按照我说的去做"。这是因为，我只知道这一种主张方式。因此，我和丈夫几乎每晚都会吵架。

辩论和命令或指示是没有建设性的。虽然命令或指示可能很高效，但结果是培养出"依赖指示的人"。而辩论所带来的只有被击败者的反感，或双方之间不愉快的氛围。虽然辩过丈夫时会觉得很开心，但现在回想起来，这种胜利根本毫无意义。我希望能进行让双方都感到愉快的具有发展性的自我主张。

为什么需要自我主张？

自我主张是将自己的意见传达给外界的方式，而我们在日常生活中有很多机会进行自我主张。有时候，我们只是想单纯地陈述自己的想法。但无论在工作还是生活中，人们在共同生活的过程中，通常只在需要"解决问题"的时候才会进行自我主张。

比如，晚饭吃什么，孩子辅导课的预算从哪里来，想换一台新的洗衣机希望家人同意，项目遇到困难希望得到建议等，这些都是解决问题的场景。虽然一味地听从对方的安排也是解决问题的一种方式，但如果在工作和生活中，遇到自己无法让步的事情，你是否也会压抑自己的想法？（如果只是晚饭菜单之类的问题可能无所谓，但如果是其他更重要的事情呢？）

在这种情况下，你明明需要表达自己的意见，但却不由自主地踌躇不决。这是因为，你只知道辩论和命令或指示的主张方式。在本章的最后，我将介绍一种最有效和有建设性的自我主张的方法，敬请期待。

不进行自我主张，容易造成精神压力。

有人认为，进行自我主张会给自己带来压力。但我认为正好相反，无法进行自我主张，经常违背自己的意愿，才更会让自己产生精神压力。我希望别人能够理解"我这个人"。其实，我决定学习如何进行自我主张的主要原因，就是源于无法自我主张所带给我的压力。

关于自我主张，还可以采用如下的视角重置方式。这个方法对我非常有效，所以想介绍给大家：

进行自我主张会产生精神压力 ⇒ 视角重置 ⇒ 不进行自我主张会产生精神压力

如果你感到进行自我主张的压力很大，那么请想一想，不进行自我主张很可能会导致自己无法被人理解，这种压力会更加令人难受。

我开始进行自我主张的另一个契机。

虽然我很想进行自我主张，但这对我来说难度太大。让我改变的契机是我在女儿所就读的幼儿园看到的一幕场景。

那是在"自我展示说明"的课堂上，孩子可以带着自己喜欢的物品进行展示，并说明自己所带物品的重要性。随后，让其他孩子发表他们对此的看法或提出问题。这对我来说是一个震撼的经历。这是因为，那些只有4岁的孩子们都能够清晰地表达自己的想法。而且，当他们发言或提问时，还会考虑其他人的感受。

他们不会不管不顾地只想着表达自己的意见，也不会随便打断别人，否定他人的观点，更不会指出别人的错误，强调自己的正确性。他们在表达自己的观点时，会非常尊重对方，并提出一些建设性的意见。比如"哇，好棒啊""如果稍微这么改一下会更好""这可太不容易了，我也有过类似的经历""虽然我个人不太喜欢，但我现在理解了你为什么喜欢它"。

从幼儿园时期开始就学习这种沟通技巧，等到了高中就真的会非常厉害了。

如前所述，讨论是一种为了找到包括对立意见在内的最佳答案的交流方式。在这种交流中，彼此之间能感受到对方的关注和尊重。因此，不会靠提高声音来施压，也不会否定或批评对方，更不会发展到争吵令气氛尴尬。我真的觉得这非常棒，因此，我也想学习这种沟通技巧，并决定接受演讲的特训。尽管特训只有3个月，但我彻底学到了"自我主张式沟通"的交流技巧，这就是我最后要介绍的自我主张的方法。

**摆脱第二个"不肯"：不肯自己做决定。**

锻炼自我决策的方法：通过自我决策，我们能够获得掌控人生的快感，勇于承担责任，并构建一个幸福美满的人生。

如果在日常生活中，能够通过这种自由选择的行为获得满足感和成就感，那将是非常快乐的人生，每天的生活将变得非常有趣。要想获得"最快乐的人生"，自我决策能力是一个非常重要的前提条件。这种自我决策能力可以通过形成基于自己观点的选择、适应并不再介意他人的眼光，以及根据自己的意见作出决策并采取行动的方式来培养。此外，还要敢于摆脱第三个"不肯"：为了实现以自我导向的生活，我实践了无性别育儿的教育方式。只有一件事，我曾经说过一次"因为你是女孩"。

第三个"不肯"：不肯在经济上独立。

我经常在演讲中谈论女性的经济独立。我在抚养女儿时，没有被"因为你是女孩"或"因为你是男孩"的性别所限，但只有一点我使用了性别概念。这是因为，男孩子在成长过程中理所当然地被要求"要经济独立"，而女孩子的情况往往不是这样。

很久以前，女孩被教导要成为"好妻子""好母亲""在丈夫的守护下生活""家庭就是女人的工作"，成为典范和榜样。这种生活方式通过一代又一代的祖母和母亲，被人们深深地印刻在心里，成为所谓的"正确答案"。

我认为，用钱可以买到的东西有两个：选择权和自主权。有了钱，"选择"就会增加，并且可以从中作出"决策"，选择适合自己的或者自己追求的东西。只有当这些钱是我们自己可以自由支配的时候，我们才能根据"自己想要什么"来作出选择。如果这些钱是别人的，那么就会多一个步骤，那就是"请示"。你必须得到这个人的许可，才能使用这些钱。

因此，在选择自我主导的生活方式时，是否可以自由支配金钱是一个重要因素。今后的时代，女性自己养活自己，实现经济独立也是必然的趋势。我非常理解女性会担心自己做不到而产生不安的心理，因为我自己也曾有过这样的经历。在某种程度上，我们一直被教育成为要依赖他人的人。不过，没关系的，我们是拥有这种力量的。

## 04 "第二种思维模式"的学习方法

在这里，你将掌握第二个"思维模式"——"自我导向"，成为一个无论什么时候都能开拓道路的自己，经营自己理想的职业生涯。

接下来，我们将进行如下的视角重置：

| 依附于他人的生活轻松又安逸 | ⇒ | 视角重置 | ⇒ | 依附于他人的生活是不安全、不稳定、不自由的 |

## ■ 开始教练课程

问题4：你害怕"犯错"吗？

POINT：养成持有自己观点的习惯。自己的观点对于自己来说永远是正确的。观点并不一定是事实，任何事情都可以有很多种观点。我们自己的观点对于自己来说永远是正确的。因此，我们要对自己的观点充满信心。别人的观点只是对他们自己而言的正确答案。因此，没有必要非得同意别人的观点，我们只需给予肯定即可。

第1步：觉察。所谓"正确答案"，可能只是对某些人而言的正确答案。别人的观点只是对他们自己而言的正确答案，我们也可以拥有对自己而言的正确答案。

第2步：肯定。做错事后产生自我怀疑的那个自己也是你自己。我们应该肯定自己在不经意间流露出的"自我怀疑"的不安情绪，以及希望找到答案的愿望。

第3步：决策。拥有对自己而言的正确答案就好。

| 必须找到"正确答案" | ⇒ | 视角重置 | ⇒ | 自己的观点对于自己来说永远是正确答案不自由的 |

当我们的观点与别人不同的时候，可能会遭遇各种唇枪舌剑，可能会被否定、被谴责或被批判。这会让我们感觉自己是错的，从而产生恐惧感，最终导致我们不敢表达自己的观点。

然而，观点并不一定是事实，自己的观点可能对别人来说是"错误"的，但对于我们自己来说，就是正确的答案。因此，我们不必害怕所谓的"犯错"。

**第 4 步：行动。掌握"自我观点"技能。** 不再担心"自己是正确的还是错误的"或者"别人会怎么想"等问题，养成拥有自我观点的习惯非常重要。一旦积累了足够的经验，就能够养成习惯，不再感到恐惧。这就是习惯的力量。请好好利用日常生活中随处可见的机会，好好整理自己的观点。在接下来的三周中，每天都写下自己的一个观点，并作出决策和行动。重要的是，要写下自己的观点和决策。通过书写的输出实现可视化的过程，感受到自己的成长。

同时，建议大家要将观点说出来，这样可以更清晰地明确自己的选择和决策。

**工作表：掌握"自我观点"技能。**

|  | 今天自己的观点 | 今天自己的决策和行动 | 对自己今天的观点、决策和行动的看法 |
|---|---|---|---|
| 星期一 | （例）今天早上看到新闻主播的领带很好看。 | 我也想要一条类似的领带。下班路上去买吧。 | 购物很有趣，很开心。 |
| 星期二 | （例）我觉得昨天部长的汇报很一般，由于没有数据，很难理解。 | 领导让我在明天自己的汇报演讲上使用部长的资料，那我就把数据添加进去吧。 | 只要去做，一定可以的。 |
| 星期四 | | | |
| 星期六 | | | |
| 星期日 | | | |

（例）你可以从选择午餐菜单、购买便利店商品、选择电视节目等简单的事情开始练习，不必非得选择困难或重大的事情。当你逐渐习惯这个过程后，你可以基于它来作出决策和行动。工作表设计的主旨亦是如此。

问题5：你害怕被人厌弃吗？

POINT：如果从一开始就认为会有20%的人对自己持负面态度，可能你就不会感到害怕了。由于观点不同等原因，你可能会被人厌弃或被视为"奇怪的人"。可能会被别人指责说"不懂得察言观色"，从而变得无法表达自己的观点或无法作出观点独到的决策。但是，如果这件事对自己非常重要，而你却如同水母般随波逐流，那么就很可能无法到达自己想去的目的地。

要想以自我导向生活，最重要的是在绝对不能妥协的时候坚持自己的观点，并作出决定，付诸行动。为了能够做到这一点，我们需要从小事开始训练自己。重要的是不要试图短时间内取得立竿见影的效果，可以将难度降低到可以马上实践的程度，并反复练习。通过这样的方式，逐渐提高难度，这是关键。

不想被人厌弃是人之常情。不想被否定、被批评、被谴责、被纠正，也是很正常的事情。这种负面的状况，当然永远不发生是最好的。但是，自己被所有人都喜欢，这本来就是一件不可能的事情。这个事实会不会让我们更容易保持自我呢？

第1步：觉察。被所有人喜欢，不被任何人厌弃，这本来就是不可能的。一个人有可能被所有人都喜欢吗？我们赞同别人的观点，就会被喜欢吗？

第2步：肯定。肯定不想被别人厌弃，希望被大家喜欢的那个自己也是你自己。即使是这样的自己，也不错啊。因为每个人都想被别人喜欢，而不是被别人厌弃。

第3步：决策。不以被所有人喜欢为目标。

| 我不想被人厌弃 | ⇒ | 视角重置 | ⇒ | 我不可能被所有人喜欢 |

第4步：行动。通过"2-6-2法则"来摆脱被人厌弃的恐

惧，培养"二成的盟友技能"。就像常被提到的"能否交到100个朋友"一样，很多人将"被所有人喜欢是一件好事"作为做事的前提，所以才会像水母一样随波逐流。我们不妨尝试将前提改为"一定存在厌烦我的人"，这样是否会减轻一些"不想被别人厌烦"的担心呢？毕竟，如果有人从一开始就厌烦我们，我们也是无计可施的。

这个前提是基于"2-6-2法则"而存在的，具体如下：

- 二成：关系好的人和优秀的人。
- 六成：根据当时的情况而变化的人和普通人。
- 二成：不喜欢的人和没有能力的人。

根据这个法则，假设房间里有10个人，那么，会有2个人喜欢你，有2个人从一开始就不喜欢你，剩下的6个人在观望之中。但是，如果有二成的人在一开始就对你持有好感就已经足够了，不是吗？如果一开始就认定会有二成的人对你持有否定态度，那么当这种否定意见不出所料地出现时，我们也会有心理准备，更加容易接受。

其实，拥有二成的盟友已经足够了。如果我们的目标只是想得到20%的支持率，那么即使感觉自己的观点会被一些人反对，也能轻松地表达出来。最重要的是，如果下了决心，就一定要坚定地将自己的观点表达出来，而且，对于自己说过的话，千万不要后悔，觉得"如果当时没说就好了"。这是因为，自己的观点对于自己来说永远是正确的，而别人如何接纳它，取决于对方，我们无法控制。总会有一些人是理解我们的，而有一些人则永远不会。

### 问题 6：自我主张就是只考虑自己吗？

POINT：通过"自主性沟通（Assertive communication）"来掌握能够体谅对方的自我主张的方式。"自主性沟通（Assertive communication）"中的"Assertive"通常被翻译为"强烈主张"或"断言"等强势词语，但其实"自主性沟通"更多地包含着柔和的共情，是一种让对方感到舒适、容易建立良好关系地表达自己观点的方式。这种表达并不关注输赢与对错，而是像玩接球游戏一样，在考虑相互立场的前提下进行交流。

说到自我主张，人们往往认为这是自己单方面的事情。然而，沟通的目的在于建立彼此间的信任关系。因此，表达自己的观点并不只是个人行为，而是与双方都相关的共同合作的过程。通过自我表达，可以为对方提供新的思路，能够使对方受益。因此，我们要重新审视这个问题。

| 自我主张 = 自己单方面的事情 | ⇨ | 视角重置 | ⇨ | 自我主张 = 对方和自己的共同合作 |
| --- | --- | --- | --- | --- |

因为信任，所以可以表达自己的感受。因为希望得到对方的信

任，所以愿意倾听对方的声音。而且，尽量不去否定对方。每个人都是独特的，所以观点不同也是理所当然的。这是沟通的前提条件。

自主性沟通就是通过建立信任关系来寻找最佳解决方案，理解彼此感受的一种很好的自我主张方式，也是建立良好人际关系的最强"思维模式"。让我们通过本书掌握这个方法吧！

第 1 步：觉察。自我主张不是执意坚持自己的观点，而是与对方的共同合作。自我主张不仅仅是单方面表达自己的观点，更包括倾听对方的意见，以建立信任关系的行为。

第 2 步：肯定。不知道或不习惯自我主张的表达方式。没关系，即使不知道或不习惯表达自我主张的自己也很棒。

第 3 步：决策。只要知道该如何表达自己并习惯于此即可。这不是能力问题，而是知识和经验的问题。只要熟练地掌握了技巧，任何人都可以做到。

| 我做不到，我不擅长 | ⇒ | 视角重置 | ⇒ | 我只是不知道，只是没习惯而已 |

第 4 步：行动。使用"DESC 法"进行自主性沟通。在这里，我们将使用 BYBS 教练课程中的"培养非认知能力的 3 个月育儿教练课程挑战"中介绍的常见沟通技巧——"DESC 法"，以掌握自主性沟通。在"DESC 法"中，我们会按照"D → E → S → C"的流程进行对话，可以在同事或家人的帮助下进行练习。

① Describe：传达事实。

传达自己的情况或对方的情况等事实。

② Explain：进行说明，并与对方共情。

通过说明自己的想法，让对方共情。同时，也要与对方的情感产生共情。

③ Specify：具体的提案。

向对方具体地传达自己的建议或期望。

④ Choose：选择。

如果对方有提案，我们应该倾听并据此提出有用的意见，以寻找最佳的解决方案。

（例）当与伴侣谈论家务和育儿分担时：

①我也有工作，一个人肩负起家务和育儿的重任很吃力。
②但如果让你每天早点回家帮忙，你也很为难吧。
③如果能简化晚餐和家务，应该会轻松很多。
④你有没有其他的想法呢？比如买个洗碗机，或者使用送货上门的食材服务？哪个在经济上最可行呢？

工作表"DESC法"的实践：
请参考前面的例子，将你的想法写在下面的工作表中。

D → E → S → C

D

⇩

E

⇩

S

⇩

C

## 章节总结

自己掌控自己本来就是人类的天性。

"不进行自我主张、不自己做决策"的以他人为中心的人生,就像随波逐流的水母一样。

自我主张之所以很重要,是因为如果你不说出来就无法传达给别人,等同于没有自己的观点。

自我决策之所以很重要,是因为决定自己幸福的人是你自己。

经济独立也非常重要。

# 第三章

## 打造"成功体质",告别完美主义和"习得性无助"

# 01 什么是"失败体质"

顾名思义，就是指"容易失败的人"。他们不能接受自己不完美，因此对一些自己无法做到的事情更加铭记于心，并反复告诉自己"做不到"。这种声音会不断地将自己推向失败体质。

我们一直被要求取得 100 分，因为这已经成为一种评价标准，所以我们的目标就是 100 分，连 99 分都不可以，必须是 100 分！就这样，我们从小到大一直被灌输着追求完美的思想。一旦少了 1 分都是失败，这个失败的自己就是无用的人。有时候题目很难，或者因为小小的马虎导致无法获得 100 分。那么，这种失败的经历或无能的感受会积累起来，令自己在下次尝试之前就轻易放弃，"啊，又要失败了，反正我就是这么没用的人"，不断把自己推向"失败"的深渊中。最终，自己会停止尝试，因为不去做就不会再失败了。只做自己能确保完成的事情，这样就可以一直保持"完美"。极度害怕失败的原因是不想让自己、父母和老师感到失望，不想被别人嘲笑。这样一来，为了避免失败，自己会变得不敢去尝试，变得更加谨小慎微。

这就是"失败体质"。也就是说,"不完美 = 失败",不肯尝试自己没有把握的事情,只愿做自己力所能及的事情。这意味着自己的人生将无法发展,只能后退。这样就无法开拓新的道路,这是非常可怕的。就像发生泥石流使道路遇阻,而你可能只会在原地等待,不会主动采取任何行动,直到风把泥沙吹走为止。到最后,还会将无法前进的责任归咎于泥沙挡路,把责任推脱给别人。造成这种"失败体质"的原因有以下3个方面:

失败体质的原因之一:只认可 100 分的"完美主义"。

你是否认为"竭尽全力、十全十美"才是对的?我曾经认为这一点非常重要,如果不能精益求精就是失败。在这种思维下,我完全没有注意到已经完成的部分或者已经努力挑战的事情。这就是完美主义者的特点,喜欢将焦点集中在自己不足的地方上。这样的人,大多数的事情都会失败(即使做到99%也是失败!)。

如果你总喜欢将"精益求精"和"美中不足"挂在嘴边,说明你很可能有完美主义倾向。想要精益求精并非坏事,但像我过去那样,认为只有做到 100 分才不算失败,这才是问题所在。

失败体质的原因之二:失败的经历或无能的感受造成的"习得性无助"。

随着成长,我们会经历越来越多自己无法做到的事情、做错的事情和令人失望的事情等负面经验。如前所述,这些负面经历会因为"负面偏见"效应而深深地铭刻在记忆之中。由于这些失败和负面的经验使我们确信自己无论做什么都会失败，并且在行动之前就放弃或陷入缺乏动力的状态，这种状态被冠以一个心理学用语。那就是"积极心理学之父"的马丁·塞利格曼博士在著名理论中提到的"习得性无助"。

## 马丁·塞利格曼博士关于习得性无助的研究

研究人员将两只狗分别放入两个房间中。第一个房间里有电流，但只要按下按钮就可以避免被电击。而第二个房间里无论做什么都无法避免被电击。

进入第一个房间的狗知道按下按钮即可断电，所以一旦电击出现，便会立即按下按钮；而进入第二个房间的狗则知道它无论做什么都无法停止电击，因此不再尝试任何行动。

随后，研究人员将两只狗都转移到有按钮可以关闭电源的房间里，第一个房间的狗再次采取了回避行动，而第二个房间的狗则没有采取任何行动。

从这项研究中我们发现，失败和不愉快的经历会导致人们丧失尝试的勇气和动力，认为"反正不可能成功"或"即使努力也不会有回报"，从而在没有尝试的情况下就放弃。

**失败体质的原因之三：把"做不到"挂在嘴边。**

有时候，我们会不自觉地说出"我做不到……"这样的话，特别是当我们没有尝试过或者感觉有些困难时。我曾经也经常这样。但是，语言的确是有暗示性的。

当我们说出"我做不到"的瞬间，就真的可能做不到了。但是，我们真的"做不到"吗？

我们并不是真的做不到！

实际上，我们之所以轻易说出"做不到"这个词，并不是因为我们真的做不到，而是因为我们没有尝试过、不知道该如何去做、没有得到指导或者没有养成习惯这四大原因造成的。

因为没有尝试过，所以"做不到"。
因为不知道如何去做，所以"做不到"。
因为没有得到指导，所以"做不到"。
因为没有养成习惯，所以"做不到"。

真的是这样吗？

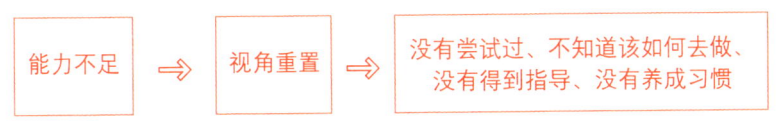

| 能力不足 | ⇒ | 视角重置 | ⇒ | 没有尝试过、不知道该如何去做、没有得到指导、没有养成习惯 |

我们认为自己"做不到"的根源，其实可能只是这四种原因

之一。如果是这样的话，我们只要解决这些问题就可以了。如果从未尝试过，那么首先应该试试看；如果不知道该如何去做，那么就先去学习；如果没有得到指导，那么就先向别人请教；如果没有养成习惯，那么就反复练习。

"做不到"只是"不想做"的借口而已。

在我35岁之前，我的人生中充斥着"做不到"这个词。我会说"因为缺少这个所以做不到""因为没有那个所以做不到""这个对我来说太难了"。但是，现在回想起来，那些所谓"做不到"的事情其实并不是自己真的做不到，而只是因为我害怕失败或者觉得失败会很丢脸，所以为"不做"而选择的借口。

如果总是将"做不到"挂在嘴边，就会自然而然地选择"做不到"的行动。这样一来，就逐渐形成了"失败体质"。明明自己能做到，但"做不到"这句口头禅，就是我们变成成功体质的大敌。请立即停止使用这句话吧！

| 我做不到 | ⇒ | 视角重置 | ⇒ | 我只是没做过而已 |

即使做不到，也不是什么丢脸的事。这么一想，你会发现做不到某事并不是什么丢脸的事情。只不过是因为我们从未尝试过、不知道如何去做、没有得到指导或者没有养成习惯而已。因此，我们首先应该尝试去做，但有很多人因为害怕"失败"而放

弃了尝试，这不就是在浪费生命吗？来人世一场，是打算虚度光阴，还是希望活出精彩的人生？这个分水岭就在于选择"做"还是"不做"。那么，你会选择什么呢？

现在，大家已经掌握了"第二种思维模式"，即拥有了自己的观点并作出自我决策。现在是将这项技能付诸实践的时候了。我希望你会选择"试着去做"。只要能够承担自己的决策责任，就可以通过自身的努力来打造成功体质。我非常理解大家可能依然会有些纠结和矛盾，因为我曾经也是这样的。但是没关系，你一定能行，因为是你自己主动选择了这本书。

做不到某事很丢脸 ⇒ 视角重置 ⇒ 不去尝试才丢脸

## 02 告别失败体质

这样看来，失败体质真的很难对付。那么，我们该如何永远告别这种失败体质呢？

什么都不做？的确，如果什么都不做，就肯定不会失败。但是，除非我们整天都在睡觉，否则总要做些什么事情的。也许是开门,也许是散步,或者仅仅是待在某处,都可能有不成功的风险。

那么,就一直躺在床上睡觉吗?这并不是你想要的,你希望自己成为一个始终保持自我并能够开拓职业生涯的人。现在,就让我们去学习第三种"思维模式"——"成功体质"吧。

基本视角重置:

| 因为做不到所以不做 | ⇨ | 视角重置 | ⇨ | 因为不做所以做不到 |

## 03 如何打造"成功体质"

拥有成功体质的人是什么样的人呢?首先,失败体质的人的特征就是不采取行动。成功体质的人首先是有行动力的人。在这里,"成功"指的是"我做到了"的经验。因此,拥有成功体质的人通常拥有很多"我做到了"的经验。他们通常可以轻松地再现"我做到了"的过程,因为他们拥有丰富的实战经验。打造成功体质的关键是要增强"自我效能感",打造一个能够行动起来的自己。

POINT：打造成功体质的关键在于通过不断积累小小的成功经验，增强自我效能感。

## ■ 打造成功体质的关键——"自我效能感"

所谓自我效能感，是一种自信的感觉，比如"我可以做到""这是可以完成的""我没问题"。在本章中，我们将以著名博士阿尔伯特·班杜拉的自我效能感研究[1]和斯金纳教授的成功体验理论为基础来构建技能，以获得第三个"思维模式"——成功体质。

自我效能感高的人会怎样？自我效能感低的人又会怎样？如果一个人的自我效能感很高，即使面临困难，可能有失败的风险，他们也会感觉"一定没问题的，我可以的"，并成为行动的动力。反之，如果自我效能感低的人，可能就会觉得"反正怎样

---

[1] 自我效能感（Self-Efficacy）倡导者阿尔伯特·班杜拉博士列举了影响自我效能感的四个因素。如果能有意识地采取行动，就可以提高自我效能感。
1. 成功经验：过去的成功经验。
2. 社会认可：被表扬的经历或他人的好评。
3. 代理体验：通过观察别人实现目标而获得的经验。
4. 生理情感状态：身心健康能够激发自我效能感。
BYBS的教练课程专注于第1条"成功经验"，从而打造一个"能做到的自己"。通过践行自我决策的行动，增加成功经验，培养出"有根据的自信的自己"。
这样的话，即使有时候缺乏根据，也会感到"我一定能行"，从而进一步增强行动力。

都做不到""即使尝试也是徒劳""如果失败了该怎么办"等。这样的话，就更难以采取行动。

自我效能感高，实现目标的可能性就高，人生的机会和选择也就更多。

那么，我们该如何提高自我效能感呢？

①提高自我效能感的关键："Just Do It"（想做就做），要行动起来。

在这里，请大家想象一个很常见的场景。

小宝宝会尝试站起来，会尝试着走路，也经常会跌倒。但是，他们总是能重新站起来并继续尝试。也许他们昨天还不行，但今天可能就迈出了一步，明天就走得更好了。

没错，没有人从一开始就会走路。只有通过反复尝试，才能逐渐掌握走路的技巧并最终学会走路；再通过不断练习，最终才可以跑起来。这就是"Just Do It"的真谛。重要的不是"能不能"，而是"先试试看，并从中学习"。

失败从一开始就在意料之中。毕竟，我们之前没有尝试过。即使一开始认为能做到的事情，在实际操作中也可能做不到。有些事情可能无法通过想象去感受，只有亲身实践后才能领会。

## 从失败中获得宝贵经验

我认为"Just Do It"的优点可能就在于它的结果可能并不完美。因为只是尝试去做而已,或许这是一种新事物,抑或是我们不熟悉的事情。毕竟,我们很可能根本没有任何相关的经验。如果失败一开始就在我们的意料之中,我们在面对困难时的压力就会减轻很多。

首先,可以尝试去做并学习如何应对,如果做不好,可以向别人请教或观察他人的行动方法,再反复练习直到变得熟练。通过这样的过程,我们逐渐培养了自己的能力,成为一个"能做到"的自己。

已经有许多过去的成功经验作为基础,因此,当我们再去尝试新事物时,就可以相信自己"一定能做到",从而更容易行动起来。即使,我们会经历了很多次的失败,并将其转化为"我能做到"的经验,所以就不会再惧怕失败。

通过多次失败、学习和成长,我们可以获得新的"成功经验",这种良性循环使我们逐渐拥有了成功体质。只要去尝试,就能拥有如此美好的体质,没有比这更好的改善体质的方法了。而且,这也是每个人都能立即做到的。

很久以前,我曾在电视广告中听到过"Just Do It"的口号。

当时我就觉得这个口号非常酷，我还依然记得自己曾经想过，如果自己能做到这一点，我将无所不能。但同时，我也觉得"尽管如此，我肯定是做不到的"。

②提高自我效能感的关键：从"做不到是理所当然的"想法开始做起。

即使我们希望"如果自己能这样生活就好了"，但当时的我们看不到实现这一目标的具体步骤，所以我们会心存犹豫并自我怀疑。

拥有理想是件美好的事情，但"理想"在本质上是一种完美的状态。如果我们试图一蹴而就，那么巨大的落差可能会让我们感到气馁和无力。此外，"成功是理所当然的"这种思维模式会提高"Just Do It"的门槛。理想中的自己，是可以毫不费力地全部完成想做的事。但是，成功会是理所当然的吗？

在现实生活中，我们总是需要经历一个过程，才能做到某些我们之前未曾尝试过或需要更高水平技能才能完成的任务。用魔杖一挥就能成功的事情，只存在于魔法世界中。我们只能通过积累经验和不断努力来逐渐变得优秀，直到实现我们的目标。

因此，我们可以将前提从"成功是理所当然的"重置为"失败是理所当然的"。这样做可以降低完美主义者的心理压力，这是让自己行动起来的第一步。

③提高自我效能感的关键：反复进行简单的行动。

我们往往希望过上精彩的生活。因此，会想象出"做我想做的事情，理所当然要成功"的完美状态。我们设想着自己能够一蹴而就地实现目标，并因为想象的自己和现实的自己之间的落差过大，最终放弃了行动。但是，你不觉得这样更加丢人吗？难道只有我觉得不付诸行动是更加难堪的事情吗？相比之下，每天坚持行动一小步并反复试错学习，这种实现梦想的朴素的生活方式才是最棒的。

这正是成功体质的关键所在。你可能觉得意外，其实"打造一个成功的自己"是个非常平凡普通的过程。因为每次小小的成功可能效果不是特别明显，也很容易被忽略或者被遗忘，但通过踏踏实实努力的过程，可以逐渐打造出一个真正"可以做到"的自己。不存在一蹴而就，也不存在魔杖一挥。这个"过程"才是打造真正成功的自己的关键所在。

如果我们通过这个过程拥有了"我能做到"的信念，那么无论面对怎样的挑战，即便前路险阻，我们也能够勇往直前。

④提高自我效能感的关键：没有失败的概念。

我从35岁左右开始培养自己的非认知能力。在这期间，有一个概念逐渐消失了，那就是"失败"。其实，"失败"到底是什么呢？是没能做好一件事情？还是没有达到期望的结果呢？

当我们开始行动时，一定会遇到不顺利的情况。但这时往往是决胜的关键时刻。如果就此放弃，那么就一定会失败，并永远画上了句号。但我们拥有解决问题的能力。即使发生了超出自己能力的情况，身边也一定有人会来帮助我们。因此，请将失败视为"一段成长过程而已"，那么你就不会一直沉浸在自己是个失败者的情绪里，而是相信自己能够做到，相信一定能找到解决的办法。

"BYBS 教练课程"将失败视为一个宝贵的解决问题的机会。所以，我们的 140 名教练每天都是朝气蓬勃的。一旦遇到困难，大家就集思广益，共同协作解决问题。通过这种方式，使自己更加优秀，并在下一个舞台上展现出更好的自己。这种思考模式的转变有助于我们创造出更具有"Just Do It"精神的自己。

| 失败是后退 | ⇒ | 视角重置 | ⇒ | 失败是成功的过程 |

说到失败，很容易让人不自觉地联想到"后退"。但实际上，失败只是前进路上的一小段过程而已。失败的次数越多，成长的速度就越快。

# 04 "第三种思维模式"的学习方法

从现在开始,我们将不再是一个"失败体质"的人,而是要将自己打造成为"成功体质"的人。关键在于提高"我能做到"的自我效能感,要将"失败"视为成长的机会,减少心理压力和障碍。别担心,因为你拥有了这本书,所以你一定可以成功,我会一直陪伴在你身边,不离不弃。

## ■ 开始教练课程

问题7:你是否有过"我肯定做不到""反正又会再次失败"这些想法的时候?

**POINT**:理解习得性无助,回忆起曾经"成功的自己"。让自己更容易行动起来的第一步,就是避免停止行动,避免"在尝试之前就放弃"的行为。

第1步:觉察。难道我认为"自己做不到"只是我在固执己见吗?在开始尝试之前就放弃,是因为我认为自己做不到,但这真的很可能是我在固执已见。

第 2 步：肯定。这是由大脑的性质决定的。即使在开始之前就有放弃的想法也没关系。这并不是你的错，而是因为大脑的性质（负面偏见）所导致的。因此，在尝试之前就想要放弃，对于这样的自己也要给予肯定。

第 3 步：决策。虽然每个人都会经历失败，但成功终会与你不期而遇。

| 我肯定做不到，还会再次失败 | ⇒ | 视角重置 | ⇒ | 未必会再次失败 |

第 4 步：行动。挖掘"成功的自己"的工作技能。由于大脑的性质等原因，我们往往倾向于关注自己无法做到的事情，并且很容易忽视自己已经成功的事情。

但是，在"我做不到"之后，一定会有一个自己克服困难并继续前进的经历，这也是我们能够站在此处的原因。请找到这些尘封于内心深处的成功经历吧！

做不到的经历→挖掘→挖掘出的成功。

例如：在音乐方面受挫→挖掘→认真学习了 1 年英语，并学会了说英语。我本想在演唱方面取得成功，所以在 20 岁的时候前往伦敦，尽管当时我一句英语都不会说。在英国，面对全世界顶级的音乐水准，我很快就遭受了重创。这件事对我来说是一个很大的打击，让我完全丧失了唱歌的意愿，并留下了心理创伤，甚至连 KTV 都去不了。

从那以后，每当我尝试做某些事情或追求梦想时，我总是会想到"我肯定又会失败""我做不到"。但是，当我开始尝试"挖掘已经成功的事情"时，我发现自己在那个时候成功地学会了英语。此外，我在 21 岁那年，正是因为去了伦敦才遇到了一位导师，他后来帮助我走上了艺术经纪人的道路。但是，我已经完全忘记了这个经历。这项挖掘工作给了我行动起来的勇气，因为我意识到自己也曾有过很多"成功"的经历。

你应该也有很多这样的经历。所以，让我们一起挖掘那些被深埋在"做不到"的背后的"成功往事"吧！

### ■ 工作表：挖掘"成功的自己"

| 序号事项 | 认为失败的事情 | 其中的成功之处 |
| --- | --- | --- |
| 1 | 在音乐方面受挫 | 认真学习了 1 年英语 |
| 2 | | |
| 3 | | |
| …… | | |

**问题8：你认为不管怎样先尝试着去做，是鲁莽的行为吗？**

**POINT**：即使是周密筹措的计划，不开始行动也没有结果。"PDCA"是一种实现目标常用的商务工具，它包括四个步骤，即计划（Plan）、执行（Do）、反馈（Check）及改善（Action）。

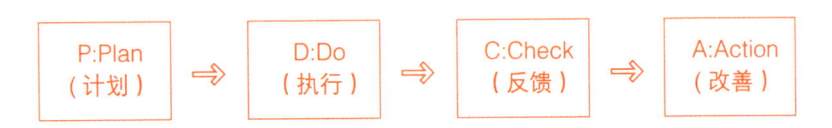

P:Plan（计划）⇒ D:Do（执行）⇒ C:Check（反馈）⇒ A:Action（改善）

"PDCA"是一种连贯的目标达成过程，它包括制订计划、实践行动、确认是否进展顺利。如果有需要改善的地方，则进行改善等环节。

"PDCA"有以下优点：

- 计划、执行、反馈、改善的可视化。
- 了解自己的成长速度。
- 遇到相同情况时解决得更快。
- 避免出现同样的错误和问题。
- 提高工作效率，增加自己的时间。

其实，"PDCA"也存在如下问题：

问题点一：

制订的计划过于周密详尽，仅仅做好了计划就感觉已经完成了这件事。而且，我们往往会在制订计划时将其想得过于宏大。

这会导致每个行动步骤都很庞大，行动起来的难度也更大。

问题点二：

明明没有完美的计划，却为了制订完美的计划而浪费大把时间。这会让我们失去动力和行动能力。此外，在瞬息万变的时代，速度非常重要。就算我们花费太多时间思考如何制订完美的计划，但状况可能是会随时发生变化的。在这样快节奏的时代中，首先要快速行动起来，当机立断。

为此，我们需要重新调整目标达成过程的顺序，加强速度感。

第1步：觉察。过于周密的计划，也许是个障碍？在制订完美的计划上面花费大量的时间，很可能是在浪费光阴。

第2步：肯定。也许"先试试看"是对的。我们应该肯定自己，相信自己的能力。此外，"Just Do It"并不是一种鲁莽的方式，而是一种提高行动力的非常有效的方法。

第3步：决策。与其等待万事俱备，不如先尝试着行动起来。

| PDCA | ⇒ | 视角重置 | ⇒ | DCPA |

第4步：行动。运用"DCPA循环"以实现"Just Do It"。为了减少借口，提高行动力，需要打破以往的顺序，采用新的方式来实现目标。这就是"DCPA"的做法：

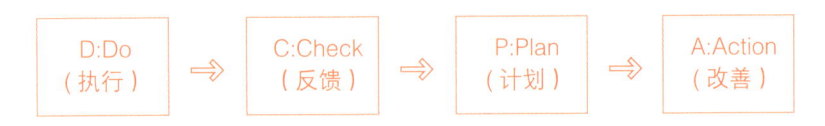

```
D:Do        C:Check      P:Plan       A:Action
(执行)  ⇒   (反馈)   ⇒   (计划)   ⇒   (改善)
```

从现在开始,请试试按照这个顺序来行动吧。

**问题9:你是否认为小小的成功不值一提?没有真正获得成功的满足感?**

POINT:通过一次次的小成功,提升自我效能感。建立行动力的第三个步骤是每天积累"我做到了"的经验。关键在于"小小的成功"。如果只是一些小事,即使失败也没什么大不了的。而且,我们还可以快速解决这些问题,让这些失败的小事成为自己的学习过程。通过这种方式不断积累经验,能够减少我们对失败的恐惧,更容易让自己行动起来。

随着不断积累"我做到了"的经历,能够不断提高我们的自我效能感。为了便于实施DCPA循环,我们需要培养自己"Just Do It"的行动力。

第1步:觉察。成功并不一定非得是很大的事情。要想增加"我做到了"的经验,关键在于拥有小梦想并确保其成功。

我们一直被教育要拥有远大的梦想,但真正重要的是积累每一个小小的成功。通过这样的方式,可以培养优秀的自己。回头反思一下,当时我们为什么会认为某件事情做不到呢?

虽然如此,但我们是否还应该追求更大的梦想呢?毕竟,"少年当志存高远""要有远大的理想""海纳百川"等说的都是这个道理。因此,我们才一直倾向于"成功""梦想"以及与之相关的"行动"必须是大目标才可以。但这就像是一下子将梦想设定为攀登珠穆朗玛峰一样,由于门槛太高,太不现实,这个梦想最终只会成为"痴人说梦"。

重要的是踏出第一步,并通过不断前进来提高自我效能感。即使我们的梦想就是攀登珠穆朗玛峰,也可以从附近的山脉开始一点点实现。这样的话,小梦想就会逐渐变得宏大。当我们意识到这个宏大的梦想时,它已经不再是"痴人说梦",而是变成了"触手可及"。这就是小梦想、小成功的力量。

第 2 步:肯定。憧憬巨大成功的那个自己也是我自己,积累小小的成功经验的那个自己也是我自己。

每个人都憧憬着自己能够在瞬间实现大的成功或大的梦想。因此,我们应该接受拥有这种憧憬的自己。同时,即使是很小的成功,我们也要给予肯定。

第 3 步:决策。勇于把关注点放在小小的成功上。

| 大的成功才是成功 | ⇒ | 视角重置 | ⇒ | 许多小成功积累起来胜于一个大的成功 |

第 4 步:行动。每天一次,积累小小的成功的技能。每天 5 分钟的时间,我们可以做些什么呢?当然,最好就是能找到自己

想做的事情并去实践它，我们将在下一章详细介绍实践的方法。在这里，首先要训练如何通过完成小任务来积累成功经验。

接下来，将进行自己每天 5 分钟就能完成的任务。大家可能很快就能想到这样的任务有哪些。例如，洗碗、收拾桌子等。这样就是成功吗？当然是成功了。因为你完全可以选择不做，但你认为这是自己的任务，要去完成它，最终你也完成了，所以这意味着你已经成功地完成了一件事情。因此，请给自己点一个赞吧，这是你今天积累的一个很棒的成功经验。

接下来，请在表中列出你每天可以在 5 分钟内完成的"自己的任务"。

一旦决定要做某事，就要言出必行。将其分解成小步骤，并通过积累小的成功来实现。如果进展不顺利，只需要调整方向即可。这样一来，我们就可以培养出"能做到的自己"。

"能做到的自己"会行动起来，并随着积累"我做到了"的经验越来越多，即使遇到从未尝试过的事情，也会感觉自己"一定能做到"，继续采取行动，并将其转化为结果，这就是成功体质。

曾在哈佛大学和休斯敦大学任教的心理学家斯金纳教授曾说过："完成一些小事情并不断地积累成功体验，就相当于每完成一项小任务都得到了一个成功的'奖励'。"

## 章节总结

完美主义、习得性无助、"做不到"的口头禅造就了"失败体质"。

如果太过追求完美,就容易因为与现在的自己差距过大而失去动力。

其实,你并不是真的做不到,而更多的是因为:①没有尝试过;②不知道该如何去做;③没有得到指导;④没有养成习惯。

成功体质可以通过"先试着做、从小事做起、积累小的成功、反复实践"来打造出来。

# 第四章

## 唤醒"主体性",提升做事的内在动力

## 01 摆脱"等待指示的体质"

在这里,我们将实践培养主动性的技能,使自己从"因为被要求做我才去做"或"做事言听计从"的人变成"因为自己想做所以去做"的人。

习惯没有自己的想法,只是毫无怨言地高效执行别人的指示,这样就完全养成了"等待指示的体质"。这样的话,我们将永远无法靠自己的力量开拓道路。

然而,我们并不是有意变得这样被动,只是一直是在这种环境中成长。所以,不必担心。让我们一起来学习第四种"思维模式"——根据自己的意志行动的主体性。

POINT:尽量减少"Must(必须做的事情)"和"Should(应该做的事情)",将资源转移到"Want(想做的事情)"上。

基本视角重置:

| 高效地完成"Must"和"Should"才是美好的人生 | ⇒ | 视角重置 | ⇒ | 实现"Want"才是幸福的人生 |

## 02 什么是"主体性"

主体性是指在没有别人告诉你该做什么的情况下,找到自己想做的事情并采取行动,同时对这些行动负责。也就是说,主体性是在主动思考自己想要做什么之后再去做某事。

在经营职业生涯方面,我们通常需要自己思考诸如"是否有捷径""是否有不同的生活方式""想尝试新事物""寻找适合自己的工作"等问题后再开始采取行动。通过自己主动思考想要做什么,然后去做某事的这些行动,感觉到"活出了自己的人生"原来是这样的。而且,与听从别人的指示或命令行事相比,经过自己的思考和选择所做的事情,能让我们更加感受到人生的快乐。

## 03 拥有"主体性"之人的特征

拥有主体性之人的特征有以下几点:

- 行动力强；
- 好奇心旺盛；
- 积极主动；
- 思考能力强；
- 有自己的观点；
- 即使没有事情要做，也会寻找并发掘能做的事情；
- 即使别人没让自己做某事，但也会因为自己想做而主动去做；
- 对经过自己思考后选择实施的行动结果负责；
- 在出现错误或失败时，首先尝试解决问题，而不是寻找借口或陷入负罪感之中。

此外，拥有自己的观点和思考能力也是特征之一。大家通过"第二种思维模式"，已经掌握了如何持有自己的观点并作出自己的决策。这说明，大家已经充分做好了学习"第四种思维模式"的前期准备。

最重要的是，拥有主体性的人会对自己经过思考后选择并实施的行动负责。因此，在出现问题时，不会推卸责任或寻找借口，而是思考如何解决问题，因为这才是真正有意义的事情。即使遇到困难，拥有主体性的人也能重整旗鼓，再次行动，能坚持到底的概率也会大大增加。

总的来说，拥有主体性的人是"好奇心旺盛，能够发现自己想要做的事情并对其负责的人"，而且，拥有坚持到底的能力。正因为如此，"主体性"是一种重要的非认知能力，可以帮助我们在任何情况下开拓自己的道路。

## 04 培养"主体性"需要内在动机

在培养主体性时，动机（这样做的原因）是必不可少的。动机分为外在动机和内在动机。所谓外在动机，是指奖励、地位、评价、工资、惩罚等来自外界的事物。内在动机则源于自己内心深处的"我想要做某事"的冲动。

那么，到底哪种动机对于培养主体性更加有效呢？是外在动机还是内在动机呢？德西博士的著名研究（关于索马谜题的研究①）给出了答案。

这项研究表明，"内在动机"这种自我激励的力量对于发挥主体性至关重要。

因为想做才做＝开心快乐＝不需要外在动机。

德西博士的研究结果表明，外在奖励会削弱那些本来自己就想要做某事的积极性。其实，那些本来就想要做某事的人，并不需要外在的奖励，"因为自己想做才去做"这件事本身就是快乐的，这种快乐就是最好的奖励。

毕竟，自己作选择、作决策并采取行动，比被别人指派去做某种工作要更快乐。在工作中，如果只是为了获得工资和报酬，那么在不产生工资的时间段，就不想做任何工作，也不想做任何其他自己工作以外的事情。但是，如果这对自己来说是一项真正有意义的工作，那么无论收入如何，或者是不是自己的工作，完成这项任务的渴望都会很强烈。大家一定有过这样的经历吧？

---

① 关于索马谜题的研究证明了"阻抑效应"。爱德华·德西博士的研究证明了外在动机会降低内在动机并产生"阻抑效应"。他将大学生分为两组，一组解开谜题后会得到1美元的奖励，而另一组则没有。
那么，即使在休息时间也能主动完成拼图谜题的是哪一组呢？
是没有奖励的那一组更主动地完成谜题，这是因为他们内心觉得有趣和快乐，从而构成了内在动机的激励效应。相反，外在奖励使"获得报酬"成了主要的动机，这削弱了本来具有激励效应的谜题本身的"乐趣"这个内在动机，对其构成了阻碍和抑制（"阻抑效应"）。
因此，德西博士认为，当做事的动机是内在动机的时候，这种动力是长期持续的，而且对于发挥主体性至关重要。

你并不是为了让别人夸赞自己，所以才打造出自己独特的事业。之所以如此努力，是因为这正是自己想要的，并且这对自己来说是真正有意义的。

**最重要的是"自己想做什么"**。在你采取行动时，别人可能会作出赞赏或者批评的反应，但你无法控制别人对你的评价。然而，<u>只有你自己可以完全决定自己的所有行动</u>。

你要采取主动行动吗？还是对别人言听计从？选择权完全在于你自己，作出最终决定的也只有你自己。

## 05 无法拥有"主体性"的三大因素

如果你现在觉得"自己没有主体性"，也不必过于担心，因为你不是唯一一个有这种感觉的人，相信很多人都和你一样。我也一样，在接触到非认知能力之前，我也一直认为按照别人的要求和期望做事，才是正常的美好人生。最终的结果是迷失了自我，开始怀疑自己的人生意义。完全陷入一种"没有主体性"，无法自主决定自己人生的状态。那么，为什么我们很多人会有这种感觉呢？我认为，以下三大因素剥夺了我们的主体性：

首先，是从上到下的垂直关系，如父母、老师、长辈、前辈、上司等，听从他们的意见并按照他们的指示行事才会被视为"好孩子"。

其次，是由于对"枪打出头鸟"的恐惧，所以开始有"从众心理"或者对别人"言听计从"。

最后，就是对于婴幼儿叛逆期和青少年叛逆期的处理方式。

其实，婴幼儿叛逆期和青少年叛逆期都不是学术用语。所谓婴幼儿叛逆期，是指"第一次自我主张发展期"；所谓青少年叛逆期，是指"第二次自我主张发展期"。我们之所以使用婴幼儿叛逆期和青少年叛逆期这个说法，是因为很多人将自我主张看作是不好的东西。特别是在青少年叛逆期，尽管孩子只是在表达自己的观点，但如果和父母的观点不同，或者拒绝遵循父母的想法时，父母就会认为孩子是叛逆的。

我们一直被灌输着要对尊长言听计从的思想，认为坚持己见会使我们"成为坏孩子"。在这样的环境中长大后，突然要求我们"说出自己的观点""采取主动行动"，确实容易让人不知所措。你是否也有过不得不逆来顺受、隐藏锋芒或因"反抗"被斥责等经历呢？很多人都是从小就一直生活在一个无法培养主体性的环境之中。

现在的社会正在经历着前所未有的变革，包括全球化、多元化和人工智能化的加速等，这使得我们不得不自己去寻找答案，当然会觉得难度很大。但是，请放心，无论多大年纪，都可以学习新的事物。人生永远不会太晚，今天永远是你最年轻的一天。今天，此时此刻，就开始做起来吧！你一定可以做到，一定能够坚持到底！

## 06 "主体性"是坚持到底的力量

主体性不可忽视的优点之一是"坚持到底"的力量。

我经常使用"commit（承诺）"这个词。翻译过来就是"坚决完成的决心"或"实现期望结果的责任"。正是因为你决心要经营符合自身实际的职业生涯，所以你手上才有这本书。

这意味着什么呢？意味着你下定决心无论如何都要打造出符合自己的职业生涯和生活方式。同时，还要对这种决心付诸行动并承担起相应的责任。比如，并没有人要求你学习这本书，但你手中却握着这本书。这是你自己思考、寻求、选择并采取行动的结果。这就是主体性和主动行为，这说明你已经拥有了这种经验，现在只需要有意识地创造并不断重复这个行为就可以了。

当你拥有了主体性时，就会对行为的结果负责。就不会像以前一样，仅仅满足于"做了"的程度，或者认为"自己只是做了别人让我做的事而已"，而是会努力获得更好的结果。因此，你才能做到无论面临什么情况，都能坚持到底。这是因为，主体性才是带领大家走向目标的关键。

## 07 "第四种思维模式"的学习方法

要培养主体性，关键是找到自己"想做的事情（内在动机）"和"对自己有意义的事情"。掌握这一关键的就是"好奇心"，这也是一种非认知能力。发挥好奇心，保持对各种事物的兴趣是很重要的。如果对什么都丧失兴趣，就不会产生"想要去做"的想法。如果只是机械地完成被安排的任务，就不会思考什么是"对自己有意义的事情"。

好奇心旺盛的人不仅会完成别人让做的事情，还会主动表现出对各种事物的兴趣，思考新的方法，采纳新的观点，成为带领企业成长和变革的关键人才。好奇心最近也成为在商业领域备受关注的非认知能力之一。

改变思维方式的关键在于培养好奇心，并努力成为采取主体性行动的人。

现在，就让我们一起练习一些对主体性行动有帮助的技巧吧。

POINT：尽量减少"Must(必须做的事情)"和"Should(应该做的事情)"，将重心转移到"Want（想做的事情）"上。

好奇心的研究结果：好奇心有两种不同的类型（根据伯莱因的研究）。对于好奇心的理论研究也得到了广泛的开展，伯莱因、德西、洛温斯坦和卡什丹等许多研究都很有名。其中，BYBS教练课程是基于伯莱因博士的研究而建立的。博士指出，好奇心可以分为以下两种类型：

①扩散性好奇心（横向扩散）
- 对各种不同事物表现出广泛的兴趣。
- 寻找和发现自己不知道的事情。
- 想要挑战新事物。

②特殊型好奇心（深度挖掘）
- 对某一事物进行深入挖掘。
- 当遇到不知道或不明白的事情时，努力去理解并调查。

对各种事物表现出兴趣，不明白的事情就去提问或自己努力调查，这种好奇心能够培养主体性。

## ■ 开始教练课程

问题 10：动力很重要吗？

**POINT：在培养动力之前，养成具有好奇心的习惯。**内心动力充沛当然很重要，但在这里，重子教练要提出一个截然相反的问题："动力真的很重要吗？"有时候，我们太过于依赖动力了，导致自己有动力的时候才去做，没有动力的时候就不做。

要培养主动性，找到自己内心"想做的事情"至关重要。但如果只在有动力时才去寻找，没有动力时就不去寻找，那么到底何时能找到"想做的事情"就无从得知了。因此，为了获取第四种"思维模式"——"主动性"的关键就是"好奇心"，要实践不依赖于动力就能行动的技巧。

第 1 步：觉察。除了三分钟热情，是否忽略了其他重要的事情？

第 2 步：肯定。首先，让良好的行动成为习惯非常重要。

第 3 步：决策。每天重复培养好奇心的行动。

第 4 步：行动。每天花费 15 分钟探究学习技巧。

每天一次，哪怕只花几分钟都行，一定要坚持"寻找自己喜欢的事物"。可以搜索信息，也可以走出去看看，还可以阅读书籍。不论是你想做还是不想做，一定要保证每天的这段时间去寻找自己感兴趣的事物。这样一来，就可以培养好奇心，可以提高主动性。只要努力寻找，就一定会找到。如果不去寻找，就永远无法找到。"想做的事情"的真正本质就在于此，它并不会突然降临。

每天进行 15 分钟的探索学习，是一天中最重要的时间，所以首先要将其写入日程表中。可以用马克笔书写，确保不会消失。还可以向家人宣布此事，让他们知道你的"探索学习时间"是从几点到几点，还可以将标注好时间的纸贴在客厅，以付诸行动，言出必行。

问题 11：三天打鱼两天晒网一定是坏事吗？

POINT：培养好奇心的关键在于"如何节约时间和精力"。在英语中，有一个表达叫作"shop around"（货比三家再买），就是当购买东西时，到不同的商店逛逛，比较价格，然后决定购买什么以及在哪里购买。寻找自己"想做的事情"其实与此类似。

这个世界到底都有些什么呢？我们所知道的范围是极其有限的。也许是因为我们一直只在这个有限的范围内寻找，所以还没有找到。现在到了应该拓宽视野的时候了，请走出自己的舒适区，增加经验，扩大选择的可能性。为此，最重要的是尝试各种不同的事物。那么，我们该如何做呢？

## ■ 一点点去尝试吧

有个英语表达叫作"take a bite"，意思是"尝一下"。是的，如果不去尝试，或许就什么都不知道。首先要去尝试一下，然后接着做下去。可以浅尝广试，多去尝试各种不同的事物。只需要选择你觉得"有趣"的事物即可，没有必要了解所有的事情。这样的话，好奇心一定会引导你找到自己真正"想做的事情"。

## ■ 如何节约时间和精力

"这不就是个做事三心二意、半途而废的人吗？"也许有人会这样认为。其实不必担心，因为如果不去尝试一下，就无法得知自己是否感兴趣。

虽然人们常用"三分钟热度"来形容那些浅尝辄止的人，但实际上这样做对于找到自己"想做的事情"是有效的。任何事情都有其好的一面，如果你努力寻找，就一定能够找到。而且在这个寻找的过程中培养起来的好奇心必将让你的人生更加丰富多彩。

但随着时间与精力的投入，有些人会产生"已经投入的时间精力不能白费，一定要继续下去的"心态，这叫作"沉没成本效应"。举个例子，如果你精心准备了一个为期三年的计划并开始行动，就很难中途放弃，最终会变成自己不情愿地继续行动，而且效果可能还不如不行动。因此，我建议大家在刚开始尝试一件事的时候要保持"三分钟热度"。

| 花费时间和精力才会找到 | ⇒ | 视角重置 | ⇒ | 不花费时间和精力就能找到 |

要想找到自己想做的事情，这种视角重置是很有效的。

### ■ 从每天15分钟开始教练课程学习

我大约从45岁开始准备人生的第二个职业生涯，浅尝广试过各种不同的事情。其中之一就是教练培训课程。而且，我在开始的时候只是带着一种"这只不过是选择之一而已"的感觉。

我不太喜欢坐在桌子上学习。所以，教练课程的学习也是从每天15分钟开始的。等我意识到的时候，才发现自己已经持续了两年。而且，我甚至会沉浸于此，有时候多达一小时。

浅尝广试，之后再深入挖掘。这样就可以了。

第 1 步：觉察。三天打鱼两天晒网也许并不是坏事。

第 2 步：肯定。为了扩大选择范围，需要浅尝广试。

第 3 步：决策。浅尝广试，扩大选择范围。

第 4 步：行动。每天尝试一件新事物的"toke a bite"技能。

每天尝试一件新事物，说起来容易做起来难。但正因为如此，我们才会拥有广泛而多样的选择。希望大家能够发挥自己想象力，多尝试一些新的事物。接下来，从小处着手开始行动。

例如，在经常光顾的咖啡馆点一种平时不常喝的饮品，或者看一部自己平时不会选择的电影类型。其实，从小事开始，就是这么简单。新鲜事物真的是无处不在的。

## 问题 12：没有时间？太忙了？真的是这样吗？

POINT：尽量减少"Must（必须做的事情）"和"Should（应该做的事情）"，将资源转移到"Want（想做的事情）"上。当我们试图寻找自己想做的事情时，经常会遇到"没有时间"的问题。我们似乎已经习惯了将"没时间""太忙了""没有属于自己的时间"挂在嘴边，但事实真的是这样吗？

时间对每个人都是公平的，都是 24 小时。但为什么我们会如此忙碌呢？我们真的是忙于一些有意义的事情吗？还是因为我们把所有事情都揽到自己头上，无论怎么做都做不完，所以感到没有时间呢？

将"必须做的事情"和"应该做的事情"列在待办事项清单上，完成了所有的任务，确实会产生一定的成就感。但是，这种成就感会带你去哪里呢？尽管有一些成就感，但也会感到很累，身心俱疲，没有时间、精力和体力去寻找自己想做的事情。这样只是有效地完成别人要求你必须做和你应该做的事情而已。但其实很难让你经营好属于自己的幸福的职业生涯。你要做的是在任何时候都能够开拓道路，经营一个让自己感到幸福的职业生涯。

不要将时间浪费在自己不喜欢的事情上，要为了追求自己真正想做的事情而开拓道路。为此，当你找到了自己想做的事情，就一定要花费时间深入探究，因为这将是你前进的力量。没有什么比"想做的事情"具有更强的动力。如果你能够看到将来要实现的目标，即使前方道路险阻，也一定会想尽办法继续前行，不需要等待别人的指示。

## ■ 重新分配资源

要找到自己想做的事情并付诸实践，需要时间和精力。要实现这些目标，必须对资源进行重新分配。因为我们的资源有限，如果我们继续滥用自己的资源，那么最终会陷入"没有时间"和"太忙"的恶性循环之中。从现在开始，我们应该调整资源的使用方式，以便经营好符合自己幸福的职业生涯。

没有时间 ⇒ 视角重置 ⇒ 只是没有将时间用在"本该使用"的地方

虽然感觉没有时间，但从另一个角度来看，时间本身是存在的。只是我们没有将其用在"本应该使用"的地方而已。首先，验证那些"必须做的事情"和"应该做的事情"是不是真的不能不做，并尽可能减少这些事情，为自己争取更多的时间和精力。

第1步：觉察。真的是"没有时间"吗？仅仅完成工作就能定义我们的全部人生吗？如果你是一个女人，那么你是否完美地扮演了母亲、妻子、女儿、儿媳和职业女性的角色，可能取决于你高效地完成了多少"必须做的事情"和"应该做的事情"。然而，在这些你所扮演的角色中，是否存在真正的"自己"呢？过着仅仅扮演各种角色的生活，最终自己会剩下什么呢？

第2步：肯定。为了构建适合自己的人生，要学会说"不"。如果你把一切都揽在自己身上，你的资源就无法用在应该用的地方。所以，学会说"不"非常重要。

第3步：决策。从现在开始，选择做一个会说"不"的自己吧！

高效地完成"Must"和 ⇒ 视角重置 ⇒ 实现"Want"才是
"Should"才是美好的人生　　　　　　　幸福的人生

第4步：行动。"不办事项清单"技能。我们习惯于制作"待办事项清单"。相信大家都会使用各种记事本，上面满满地写着"今天要做的事情"。

那么，我们现在开始练习。请你先写下详细的待办事项清单。然后，仔细观察这个清单，除了"只有我才能做的事情"和"必须立即处理的事情"这两个条件之外，其余的所有事项上请都画叉，表示不需要做。符合这两个条件的待办事项有多少呢？或许可能只有一两件。

为了用于练习，请你只留一两件事情。接下来，只去做这一两件事情。

## ■ 工作表"不办事项清单"

请在表格中连续记录一周的情况。一周后进行反馈，看看你的生活是否有所改善，是否出现了什么问题。

这样一来，你可能就会意识到，很多事情我们压根不做或者简单应付，抑或省略某些步骤等做法，并不会带来太大的问题。

★ 填写方法

首先,填写"待办事项"。请详细列出诸如"把洗好的衣服叠起来""检查冰箱内的食物""列一张购物清单"等具体任务。

如果不是"只有自己才能完成的事情",请标记为"×"。同样,对于不需要立即处理的事情,也请标记为"×"。所有被标记为"×"的事项将不会被执行。最终的结果也请记录下来。

接下来,对于仅有一个×的事项,我们将对其进行验证:"是否有其他人可以代替我完成这个任务?""是否存在更高效的方法来完成此任务?""这个任务是否真的必要?"然后,采取相应措施。

每天使用一张表格,请复印后坚持使用一周。

| 待办事项 | 是否只有自己才能完成这件事? | 必须现在马上就做吗? | 别人可以做吗?还有别的方法吗?不做真的不行吗? | 不做的结果是什么? |
|---|---|---|---|---|
|  |  |  |  |  |
|  |  |  |  |  |
|  |  |  |  |  |
|  |  |  |  |  |
|  |  |  |  |  |

## 章节总结

无法采取行动的原因往往与过去所处的环境有很大关系。

主体性是通过好奇心培养起来的。

要超越过去的自我界限，找到自己"想要做的事情"。

资源应该被投入到真正需要的地方，而不仅仅是完成任务。

重要的不是坚持到底，而是坚持什么。

# 第五章

## 以"开放性心态",学会接受新事物

## 01 什么是"开放性心态"

在这个充满变化的时代，我们一定要培养一种心态，即以自己的方式灵活应对变化，而不是被变化所吞噬。这就是"开放性心态"。

基本视角重置：

正确答案只有一个 ⇨ 视角重置 ⇨ 正确答案有很多

开放性心态，可以理解为不被自己的固定观念所束缚，能够从多种角度看待事物的状态。可以将其比喻为"柔韧的中轴"。这个中轴不会摇摆不定，但具有一定的弹性和振幅。因为它具有柔韧性，所以不容易折断。如果一种方法行不通，我们可以尝试下一个。

即使出现了意料之外的情况，也能够应对；对于不同的观点，也能够第一时间灵活应对。

## 02 开放性心态的特征

①开放性心态可以让人既拥有自己的观点,又不会固执己见,能够倾听他人的意见,接受不同的观点和新的思考方式,要成为一个具有开放性心态的人,思维的灵活性至关重要。

②具有开放性心态的人不会执着于自己的答案,也不会否定他人,而是接纳不同意见的存在。他们不会根据自己的答案来批判或指责别人,而是能够肯定对方。这确实是在多元化时代中生存的一种"思维模式"。

POINT:通过锻炼思维的灵活性来掌握"开放性心态"这一"思维模式"。

## 03 保持开放的心态

在全球化、多元化、智能化、"人生百岁"、女性活跃等巨变的时代，谁也无法准确预测未来五年会变成什么样子。如果不能适应变化，将会越来越难以生存。如果只是生活条件变得艰苦，我们还可以忍受。但如果无法适应变化，我们可能会被社会所淘汰。

在瞬息万变的社会，难免会遇到混乱、失落、迷茫与不安。这些都会给生活带来压力。但是，只要拥有灵活性，我们就能更容易轻松地去应对。如果不能像柳树一样具有柔韧性，那么树枝乃至整棵树都有可能被折断。因此，"柔韧性"已经成为当务之急。

2020年全球暴发的新冠疫情，不正是对商业领域灵活性的巨大考验吗？我们可以以餐厅为例。我所居住的华盛顿近年来逐渐因美食而闻名，各种餐厅比比皆是。

在受到新冠疫情影响后生存下来的餐厅和已经倒闭的餐厅之间有什么不同呢？观察我家附近的餐厅，这种差异非常明显。那些幸存下来的餐厅，在疫情暴发第一时间便开始提供外卖和取餐服务，并加强了在线销售业务。在严寒的冬天，还在露天座位安装了加热器，或者用帐篷围起来以保持温度等，不断尝试以前从未想过的方法。

相反，那些已经倒闭了的餐厅，从一开始就一直大门紧闭，安静地等待"总有一天会再次开张"的时刻。这就像是一辆车一直停在路上等待道路施工结束，等待道路重新通行一样。尽管已经关闭的餐厅可能还有其他各种各样的原因，但这的确是我所观察到的对自己周围发生的事情的感受。确实，这依然是一个优胜劣汰的时代。如何发挥思维的灵活性，保持开放的心态对于生存来说至关重要。

## 04 开放性心态的关键——"灵活性思维"

拥有灵活性思维的人具备以下两个能力：

- 迅速转变思维方式，摒弃过去的老一套做法。
- 能够接纳新的方法和新的选择。

能够做到"摒弃"和"接纳"这两项行为的人，在面对意料之外的事件、传统方法失效以及出现不同意见的情况时，不会陷入僵局。当他们认为传统方法行不通的时候，会积极寻找新的方法或其他途径，以求快速解决问题。为此，他们总是将"触角"伸向各种信息源，并倾听他人的观点。

当发生意料之外的事情或者传统方法行不通的时候，如果有人说出以下的话，就是思维灵活性的体现：

- 如果常规方法行不通，尝试一下其他的方法吧！
- （对于与自己不同的观点）嗯，也许这个也可以。试试看。
- 还有其他办法吗？没有更好的方法吗？
- （即使认为自己的想法最好）暂且也试试那个方法吧。

### ■ 请稍微想象一下

在这里，我希望你能够想象一下如下情景：

你每天早上开车上班，每天都在同一时间出发，沿着相同的路线行驶，在同一时间到达公司。除此之外，你从未探索过其他路线。因为现在这条路线是最常见且熟悉的，会让你感到安心，最重要的是能够准确地预测时间。你知道如果在这个红灯停下来会浪费多少时间，准确地知道到达公司需要多少时间。所以，为什么还需要考虑其他路线呢？你从未思考过这个问题。

有一天早上，你按照惯例在同一时间出发，沿着同样的路线行驶，突然看到了"正在施工"的标志。对于你来说，从家到公司只有一条正确的路线，而且每天都只走这条熟悉的路线。那么，你到底会怎么做呢？会坐等施工结束吗？还是立即放弃等待这个选项，寻找其他路线呢？

### ■ 难以灵活思考的原因

没错，你可能会立刻想要寻找其他的路线。然而，思维的灵活性常常"说起来容易做起来难"。这是因为，我们长年累月的习惯已经形成了固有答案。由于一直以来我们都按照这个答案生活，它已经逐渐变得"理所当然"，我们甚至无法想象可能还有其他正确答案。拥有一个正确答案本身并没有问题，问题在于只看到唯一的正确答案，因为视野越窄，选择也就越少。我们周围充斥着各种各样的正确答案和选择。但是，长时间形成的自己的正确答案会蒙住我们的眼睛，限制我们思考的灵活性。就这样，我们自己在潜意识里主动地限制了可能性和选择范围。

我们每个人都倾向于以自己为中心进行思考。对于自己来说，自己的观点总是正确的。因此，我们很容易固执己见。如果思维不够灵活，就只会去看到自己想看到的东西，只能听到过去一直被告知的事情，只能看到过去看过的东西，不会去尝试看看其他新事物。

还记得我们在前面提到的黄色的实验吗？即使周围有各种各样的颜色，但我们只能看到黄色。尤其是当我们是某个领域的专家或者自信满满地认为自己最了解这件事时，这种倾向可能会更加明显。相反，如果缺乏自信并且感觉接触新事物是一种威胁，就容易固执于自己的正确答案或过去的习惯做法。

随着年龄的增长，往往更容易固执于自己的想法，视野也会变窄。其实，随着经验和知识的增长，这种趋势确实存在，但我们随时都可以通过培养灵活性思维来保持开放性心态。拥有了灵活性思维，我们就能看到各种各样的选择。也正是因为有了这种开放性心态，我们才能倾听各种不同的意见。

## ■ 灵活性思维的好处

确实，拥有"摒弃"和"吸纳"的灵活性思维，在解决问题和人际关系方面会带来很多好处：

- 能够接受不同的意见，并从多个角度看待事物。
- 由于从多个角度看待问题，所以不会固执己见。
- 不再对他人的见解和信息产生抵触情绪，扩展自己的"触角"。
- 最终会激发创造力，有助于思考新方法和新选择。
- 由于能够思考新方法和新选择，在应对逆境和意想不到的情况时会更加强大。
- 能够积极解决问题，不会陷入僵局，所以不会感到绝望和来自四面八方的压力。
- 能够迅速放弃不合适的方法，所以能够快速采取新的行动。

・不会将不同的意见视为对自己的否定或批评，因此具有较高的沟通能力。

・不会故步自封，可以与各种人进行对话和协作。

拥有了灵活性思维，开放性的心态，就很容易开拓未来的道路。

## ■ 测试一下你的思维灵活度（固执程度测试）

接下来，就看看你的思维的固执程度吧，请在以下选项中进行多选：

自己的答案＝正确的答案，自己的见解＝正确的见解（除了自己的想法以外均不予认可）。

☐听不进去别人的意见。

☐除了自己以外，认为谁都不对。

认为自己最了解自己、自己是最有经验的（自己什么都知道的自负和自傲）。

☐只在自己的知识范围内考虑问题（越来越执着于自己才是正确答案）。

☐认为自己对这个商品最了解。

由于固执于应该怎么做，因此无法创新（固执于传统方法）。

☐ "因为流程手册上没这么写，所以不能这么做"。

☐ "因为没有先例，所以不能这么做"。

☐ "我们公司都是这样做的"。

因为"自己不懂"，所以否定新想法（缺乏好奇心，对新事物不感兴趣）。

☐ "如果我不懂的话，会很丢人。"这种自尊心会干扰你，拒绝尝试新的事物。

☐ "因为自己不懂，所以就保持这样吧"。

☐ "太麻烦了，还是保持不变吧"。

非一即十，非白即黑（没有探讨的余地）。

☐ "你我之间，只能二选一"。

☐ 没有中间选项。

☐ 认为退让就是输。

使用断定的语言（不留余地）。

☐ "绝对不可能"。

☐ "百分之百做不到"。

☐ "那个是错的"。

怎么样，你选出了多少项呢？即使全部符合也没关系。因为二三十岁时的重子教练也曾经全选过。的确，接受新事物确实很难。毕竟，我们可能会觉得自己一直很失败，或者因为改变自己本身太麻烦而犹豫。

不过没关系，只要实践这里介绍的简单技巧，任何人都可以改变。

"缺乏灵活性思维"就等于顽固不化吗？这是坏事吗？

缺乏灵活性思维的人，有时会被称为"顽固的人"。那么，顽固是一件坏事吗？我认为，对于自己来说无论如何也不能妥协的事情，坚持己见的坚定意志非常重要。但即使是在这种情况下，听取不同意见的态度也是很重要的。倾听他人的意见，不将新事物视为威胁，而是抱有兴趣并经过深思熟虑后，还是坚持认为"应该这样做"的这种固执是完全没有问题的。

我曾经毫无灵活性思维，认为正确答案只能有一个，我认为自己一直这样下去没有问题。

那是我自己经营画廊时候的事情，每年我都会请两三个实习学生帮我做画廊的工作。他们都是十几岁的年轻人，很擅长使用新的技术和方法。但每次我都会告诉他们："以前一直都是这么做的，用以前的方法就行了。"现在看来，当时的我简直是"冥顽不灵"。

大部分艺术行业的人，包括实习生在内，出于设计方便等原因会使用 Mac 系统，但我一直在使用 Windows 系统。因为我习惯了用 Windows 系统，觉得保持这样也没问题。无论别人如何建议我"用 Mac 更简单，你完全可以学会的"，但我始终嫌学习新东西太麻烦，一直都没换。直到有一天，我终于下决心让实习生使用 Mac 系统演示，发现的确比我想象的要简单方便得多。于是在浪费了几年的时间以后，我终于换了一台 Mac（苹果电脑）。这一决定也使得我和实习生以及行业内的其他人在工作交流与合作变得更顺畅了。

　　在育儿方面，我的固执己见也表现得很明显。"必须按我说的做""我是最懂的""我不了解这个方法，所以不行"……现在想想，我说的这些话全都是不会灵活性思维的人的一些典型用语。

　　还有一件事，我刚来美国时，经常把"明明在日本就是这样做的"挂在嘴边。我认为，在日本的做法在其他地方也都可以通用。而当事情进展不顺利的时候，我就会满腹牢骚，抱怨自己的做法为什么不被理解。然后，又是一次次重复同样的操作。不但没有学习到新的方法，反而一直想方设法让别人接受自己习惯的方法，导致各种事情越来越不顺利。

　　像这类事情还有很多，像这种缺乏灵活性所带来的后果，大家认为是什么呢？那就是，固执于只有一个正确答案，时间就会"停滞"。只在自己知道的范围内行动，就无法发展，也无法实现个人成长。在自己固执己见的时候,你周围的人都在不断前进、不断进步,将你远远地甩在了后面。

写出自己"固执己见的故事"吧,在这里,我们尝试着做这样一件事,因为每个人或多或少都会有思维固化,缺乏变通的经历。请稍微回想一下,把它们写出来吧。

怎么样?试着写写看。是不是有点想笑呢?的确,当思维固化的时候所做出的行动,回过头来看,是挺好笑的。

开放性心态是一种玩游戏的感觉,培养灵活性,让自己玩得开心。

保持开放性心态也许是最难的事情。因为这就相当于挑战自己一直以来认为正确的答案,同时还要承认其他的正确答案的存在。既然如此,就让我们享受这个成长的过程吧。如果过于"认真"地对待这件事,难度就会变得更高。反之,轻松快乐地掌握这项技能效果会更好。这是因为,我们从心底里感到快乐的话,自然而然会变得具有开放性,也就更容易接受新的想法。

## 05 "第五种思维模式"的学习方法

掌握第五种"思维模式""开放性心态"的关键不在于如何去学习,而在于如何"快乐地实践"。

| 认真学习才能掌握 | ⇒ | 视角重置 | ⇒ | 快乐实践就能掌握 |

那么,从现在开始,通过"摒弃"和"吸纳",提升思维灵活性,养成开放性心态吧!关键在于如何尽快摒弃过去的传统方法,采纳新的方法或其他不同的方法。

### ■ 开始教练课程

问题 13：如果自己的答案经常是错的，你会觉得心情不好吗？

POINT：自己一个人想出来的答案，会有局限性。为什么现在如此尊重多样性呢？虽然有海纳百川的原因，但更重要的是"汇聚不同的意见和观点，能够找到最佳解决方案"。自己一个人想出来的答案，是在自己的知识和经验范围内得出的。也就是说，是属于自己一个人的狭小世界中的答案，是具有局限性的。需要将各种不同的视角引入其中，将自己不了解或完全不知道的要素融入其中。只有这样，才能得出打破自己局限性的一个人根本无法得出的、尽可能全面的答案。

有时候，你可能会收到别人的意见或者很难接受别人的不同观点。但是，千万不要觉得自尊心受伤了。因为这样做是为了实现构建属于自己的职业生涯的梦想，所以请赶快抛弃那些妨碍自己成长的自尊心吧。"听取别人的意见，采纳好的建议"，会给自己带来全新的自豪感。这种心态才会让自己更容易获得灵活性思维。

## ■ 人生并不是争输赢

灵活性思维的关键之一是不能以输赢的观点来思考问题。认为自己错了就是输了，如果自己总是对的，就是赢了。我们并非独自生活在世上，作为社会的一员，会产生各种形式的联系。也许是无聊的日常对话，也许是解决问题的交流。

那些缺乏灵活性的人，无论如何都会设法让自己的想法胜出。这种结果只有两个，要么赢，要么输。每个人都不喜欢输。但是，听取别人的意见并不意味着"输"。这也是一个让自己成长的学习机会。

坚持己见，也并不意味着"赢"。靠坚持己见取得胜利的大概只有总统大选的辩论会或者法庭审判的时候吧。为了彻底接受"并不只是自己才正确"的观点，需要运用"批判性思维"，并不断提高自己思维的灵活性。

第1步：觉察。意识到自己可能不是唯一正确的答案。自己的观点，对于自己来说永远是正确答案。但是，别人的观点对他自己来说也是正确的答案，即使这对于你自己来说并不是正确答案。

第2步：肯定。见解终归只是见解，某种见解，永远是某个人的正确答案。所以，有多少人，就会有多少种正确答案。要肯定自己的正确答案和别人的正确答案。

第 3 步：决策。倾听对方的见解，即使不赞同也要予以尊重。为了找到对于自己来说的最优方案，需要改变思维：

只有自己才是最正确答案 ➡ 视角重置 ➡ 有多少人就有多少种正确答案

第 4 步：行动。敢于和持有不同观点的人对话，挑战自我。一定要敢于和与自己观点不同的人对话，运用批判性思维进行质疑，培养思维的灵活性，接受"自己可能并不是唯一的正确答案"的观点。

很多人都不擅长和持有不同观点的人交流，但其实，这样可以发现和学习到很多有用的东西。这些观点对于我们自己来说，不一定是正确答案，但我们也要接受别人存在这种想法。这样的话，就能够收获到很多自己想不到的观点。既不需要附和别人说"我也是这么想的"，也不需要否定别人说"你是错的"。

有时候，我们会不由自主地去纠正对方的意见，想要获胜，所以有时容易发展成口舌之争。这时，一定要控制住自己，尊重对方的想法。拥有灵活性思维的第一步，就是不要否定对方，也不要否定不同的见解。要思考对方为什么会这样想，对其想法产生兴趣。让我们先从这第一步开始做起吧。

**问题 14：你认为"不知道"丢人吗？**

POINT：要想培养灵活性思维，谦虚也很重要。要想更快掌握灵活性思维，就要调整好谦卑感恩的心态。重要的一点，调整好心态，才更容易拥有灵活性思维。如果自卑地认为"我不知道会很丢脸，我不懂会很丢人"，或者自负地认为"自己什么都知道"，都会降低自己对新事物的兴趣。改变这种心态，才会更容易拥有灵活性思维。"不知道"并不可耻，"不懂"也不是无能的证明。我们对这个世界到底了解多少呢？或许 99% 都不了解吧？我们只靠自己有限的 1% 的知识和经验生活，"不知道"和"不懂"不是理所当然的吗？

这种认知可以让我们保持开放性心态。为了培养灵活性思维，让我们做一些之前从未做过的事情吧。把自己看作一名初学者，让自己处于和"我什么都懂"完全相反的状态。这样的话，对于灵活性思维而言，除了好奇心以外，又增加了另一个要素，那就是谦虚。

也许，你是最年长的。但是，作为初学者的环境之中，要想发展技术，学到知识，自然就会采取听取他人意见的姿态。正因为谦虚，才不会认为只有自己才是正确的答案，也会从别人的意见中学到东西。尝试一件新的事情，这也是一种让自己意识到谦虚的重要性的行为。如果我们重新看待做事的前提，认为自己

"理所当然不知道"的话，就很容易打开心扉。不知道并不可耻，即便试过之后发现自己不懂，但因为自己是第一次做，所以不懂也很正常。这样的话，尝试新事物的门槛就会大大降低。

第1步：觉察。自己有不知道的事情也没问题？

第2步：肯定。即使自己有很多事情都不知道也很正常。

第3步：决策。自己不必什么都知道。不知道的事情去调查学习就可以了。

知道是可耻的 ⇒ 视角重置 ⇒ 有很多不知道的事是理所当然的

第4步：行动。让自己"成为初学者"的技能。

请从上一章找到的"想做的事和喜欢做的事"中，选择最容易做的事进行尝试。如果每件事的难度都很大，看看能否通过以下事情找到开始新事物的契机。

| 认为失败的事情 |
| --- |
| 进行茶道、花道等练习 |
| 体验语言学校的课程 |
| 与网络上有相同兴趣的人沟通 |

| |
|---|
| 开始资格证书学习 |
| 参加业余体育运动队 |
| 开始跳交谊舞 |
| 去健身房 |
| 参加马拉松训练 |
| 遛狗 |

首先，让我们先开始做其中的某一件事。然后，把学到的东西、成为初学者后的感受、看到有经验的人做事的感受、别人对自己学习的看法以及自己对此看法的感受、与对方进行了怎样的对话等都记录下来。

最后，以"感谢学到了新知识"作为结尾。这种谦虚和感恩之心，能够形成灵活性思维的心态。顺便提一下，重子教练最近也成了某个领域的初学者，开始尝试一件我完全没接触过的事情。那就是学习西班牙语！虽然现在我只会说"欧拉（你好）"，但我感觉非常快乐。因为我不会说西班牙语这件事是理所当然的，所以能够满怀"请一定要教会我"的谦虚之心去学习。同时，我享受于"我还有很多不知道的事情"的状态。

问题 15：如果别人的见解比自己的见解好，你会感到自尊心受伤吗？

POINT：将"六项思考帽"这一思考方法变得更加简单的技能。从四个不同的角度审视同一个事物，不是为了一争高下，而是为了更容易思考。调整好心态，让自己更容易掌握灵活性思维。之后，要学会开阔思路，更容易考虑自己的可选项。自我导向的思考方式是很正常的。正因为如此，如果放任不管，我们就会认为自己的答案才是唯一正确的答案，思想会变得越来越僵化。

平时要多练习用不同的视角看事物，既可以避免思想僵化。也可以更容易让自己思考多个选择。

第 1 步：觉察。视角也许不止一个。

第 2 步：肯定。接受别人有和自己不同的观点是件好事。

第 3 步：决策。要从多个角度来看一个事物。

| 单一视角 | ⇒ | 视角重置 | ⇒ | 多角度的视角 |

第 4 步：行动。"BYBS 的四个视角"技能。首先，要对某件事提出自己的观点。接下来，将从四个视角提出自己的观点。

视角①：肯定。肯定这个观点。

视角②：否定。否定这个观点。

视角③：中立。寻找上述肯定和否定观点中各自的优缺点。

视角④：创新。不肯定也不否定，而是去探寻全新的观点。

这项技能的优点在于，自己可以对一个观点进行肯定和否定，并思考各自的优缺点，同时创造出全新的观点，形成一个思维循环。同时，能够让人更容易思考该如何选择，并且能够让我们理解那些反对自己观点的人的感受。

当别人提出反对意见时，我们不会立刻争辩，而是保持冷静并俯瞰全局，尊重别人的看法。在这种时候，我们会对优劣之外的事情产生价值认同感。这种训练即使自己一个人也能进行，请一定要以游戏的心态乐在其中。你是否会惊讶自己已经能够转换思维了呢？

灵活性思维的训练也一样，如果一上来就告诉你"来吧，就这样做吧"，那么你可能就会产生抵触或拒绝的想法。但如果遵循着肯定和否定，寻找各自的优缺点这个过程，会意外地有很多发现，你或许就会乐在其中。下面，我们就来试试看。

**（例）"整理整顿最好的方法是断舍离"**

首先，将这个观点看成是自己的观点并予以肯定。接下来，将提出否定意见、中立意见和新意见。

视角①：肯定。整理整顿最好的方法是断舍离。

视角②：否定。断舍离不是好方法。

视角③：中立。

断舍离的优点：能够将有限的空间有效利用。

断舍离的缺点：把还能用的物品扔掉太可惜了。丢掉自己的回忆会很伤心。以后可能会用到，最好先留着。

视角④：创新。把现在不用的物品暂时存放在储藏室里。

接下来，请试试下面这个题目吧。

（题目）"孩子在父母身边长大是最好的"。

问题 16：你能想出多少种物品的使用方法?

**POINT** ：在传统方法的基础上，采纳新方法。在调整心态，掌握了拓宽选择范围的方法后，通过实践真正锻炼自己的思维灵活性。

第 1 步：觉察。也许这不是唯一的使用方法。

第 2 步：肯定。一定还有其他使用方法。

第 3 步：决策。使用方法越多越好。

| 只有一个使用方法 | ⇒ | 视角重置 | ⇒ | 使用方法越多越好 |

第 4 步：行动。"这是干什么用的？"技能。随便选一些身边的物品，试着挑战一下，看看它们除了本来的使用方法以外你还能想出多少种其他的使用方法吧！

通过思考物品本身的使用方法之外的其他方法，能够切实感受到"摒弃过去传统的方法"和"采纳新的方法"的乐趣。

## 章节总结

以自我为中心的思考方式是很正常的。

要想拥有灵活性思维，重要的是不能以输赢来判断事物。

要想拥有灵活性思维，需要怀有谦虚和感恩之心。

灵活性思维是适应变化的必备技能。

要想拥有灵活性思维，请把人生过得像"打游戏"般快乐。

# 第六章

## 培养"共情力",获得更多的支持

## 01 构建"利己 + 利他"的职业规划

当我刚开始打拼自己的事业时,其实根本没有得到任何支持。完全是自己一个人的战斗。无论我跟别人如何说明,他们的反应都是"原来如此……""是这样啊……""嗯……加油吧"。

为什么我没有得到大家的支持呢?答案就在这里。

我们要养成思维和行为的新习惯,最大限度地发挥自己作为社会一员的潜力。

基本视角重置:

| 不给别人添麻烦 | ⇒ | 视角重置 | ⇒ | 利他之心 |

POINT:甚至可以说你的职业生涯是由你的支持者所成全的。

我们是需要与他人交往的社会性动物。正因为如此,我们的行为不能为了一己私利,而是要有利于他人,与社会紧密相连才是幸福的人生。

当你感觉迷失了自己的时候,除了不知道自己想做什么之外,是不是有种被社会所抛弃的感觉呢?如果与社会没有交集,我们就感受不到自己存在的意义。这样的人生又该如何持续百年呢？所以，经营自己百岁人生的职业生涯，并不能只为自己的利益着想，而是要思考如何与社会产生联系。为了经营真正让自己感到幸福的职业生涯，这两方面需要兼而有之。

我认为，能真正让自己感到幸福的生活方式，是作为社会的一员，有能力去帮助他人。因此，我们需要拥有"利己"和"利他"的视角。

要想经营一个真正让自己感到快乐的职业生涯，首先要思考"自己想做什么"和"自己为了什么而活"。其次，请你一定要思考要想让自己成为一个对社会有用的人，应该怎样做。

要珍爱自己，有自己的观点，自己的主张，自己作决策，掌握自己人生的主导权，找到自己想做的事情。总之，一定要行动起来，灵活地解决各种问题并坚持到底。除此之外，对于那些不知道正确答案的问题，还要和其他人一起去寻找最佳解决方案，以构建一个更加幸福、光明、可持续的社会。要经营一个不仅能够利己，还能够利他的职业生涯，只有这样，才能真正感受到作为社会性动物更高层次的幸福和成功。

一个人的职业生涯不应该只为了自己，因为我们是需要进行人际交往的社会性动物，所以一定要思考自己作为社会的一员该如何经营职业生涯。这些与你有关联的人，会成就你的事业。他们会将你自身的很多点连接成线和面，以壮大你的事业。

在序章的"本书的使用方法"中，我曾说过"第一种到第五种'思维模式'从哪里开始看都没关系。只要阅读自己认为有必要的地方即可。但是第六种'思维模式'的内容是必修的。而且，千万不要从第七种'思维模式'开始阅读"，其本意就在于此。

为了经营真正的职业生涯，本书中第一种"思维模式"到第五种"思维模式"的重点都是"提高自己的非认知能力"。在这第六种"思维模式"中，我们将聚焦于"提高对他人和对社会的非认知能力"。要想在任何情况下都能开拓自己的道路，靠自私自利是不行的，一定要有"利他"的觉悟，这是今后经营自己的职业生涯所不可或缺的。

本书与其他职业生涯书籍的不同之处在于，通常的职业生涯书籍都是从"什么方法"开始介绍的，也就是职业经营的具体做法，但在本书中，这是"第七种思维模式"，是最后一项内容。

这是为什么呢？

在实际的职业生涯经营方法中，"什么方法"固然非常重要，但更重要的是首先要培养出使用"什么方法"的"谁"。因为比起掌握"用什么方法"，更重要的是要让使用的人知道为什么使用这个方法以及如何使用这个方法。因此，本书中介绍的第一种到第六种"思维模式"，都是为了打造这个"谁"。

那么，究竟"谁"会用到这些知识呢？是认可自身价值的自己？还是活在别人眼光中自卑的自己？是仅仅为了一己私利而使用呢？还是为了利他而使用呢？是为了真正想实现自己有意义的梦想呢？还是因为大家都在做，所以也随波逐流呢？

**同样使用"某种方法"，但到底由"谁"来使用，如何去使用，结果是完全不同的。**是经营一个自私自利的职业生涯，还是经营一个为他人着想的伟大的职业生涯呢？当你在做"利他"的事情时，他人也会向你伸出援手。当你认为自己已经山穷水尽时，会有人帮助你柳暗花明。

## 02 抱团取暖，不要"单打独斗"

在一个稳定不变的社会里，也许还可能靠自己单打独斗去建立一番事业。职业道路可能自动就会打开，毕竟在稳定的社会环境下，成功之路有轨迹可循。比如通过努力学习，取得好成绩、考上名校、进入大公司、踏上仕途等。接下来就是等待按资排辈，在"终身雇佣制"下，按时退休安享晚年。

但是，你最后一次听到这种观点是什么时候呢？现在的时代，传统的幸福和成功的轨迹已经被打破了。而在风云变幻的今天，我们所处的时代跟过去已经完全不同了。如今，你很难像过去那样独自一人就能打拼出一番事业，你的职业道路不会自动开放。

在当今的社会，我们越来越需要能为我们提供各种帮助和支持的人：提供信息的人、介绍人脉的人、安抚心灵的人、协助宣传的人、同甘共苦的人、支持我们坚持到底的人，等等。

当你拥有了众人的支持，就能够经营出独自一人根本无法实现的职业生涯。

请拿起"第六种思维模式"，塑造一个大家都支持的自己吧。

那么，要想成为大家都支持的自己，需要什么呢？那就是"凝聚力"，这是一种让人不由自主地想要帮助你、支持你的力量。

凝聚力需要①：不为一己私欲的利他精神。

人们支持的并不是"你"，大家支持的是你做事的理念和愿景；支持的是你为了他人而非自己的"利他精神"。比如，你会支持那些为了"想出名""想成为有钱人""想成为有权的大人物"而做事的人吗？对于这种人，你应该根本不屑一顾吧？因为这种利己主义的人，做事的目的都是为了自己，无论他是成功还是失败，结果都与其他人无关。

那么，对于那些"我只要不给别人添麻烦就行了"的人，你会支持他们吗？

这些人只会让人感觉"嗯，随便他怎么做吧"。只有当一个人的成功不仅是个人的成功，还会对其他人有所帮助，让社会变得更加美好，大家才会觉得这件事情和自己相关，才会愿意支持这件事。

因此，要想得到众人的支持，就不能只想着"利己"，最终目的一定是要"利他"。你的"利他之心"，会把大家凝聚在一起。

凝聚力需要②：从"不给别人添麻烦"到"对别人有帮助"的心态转变。

"不给别人添麻烦"，归根结底还是意味着自己的行为只与自己有关，或者叫作"独善其身"。但是，"对别人有帮助"的行为不但会提高自己的幸福感，而且能使社会变得更美好，所以会有很多人支持自己的行为。

一直以来，日本在教育和育儿方面始终强调"不给别人添麻烦"。当被问到"你想培养什么样的孩子"时，很多父母的回答都是"希望孩子成为一个不给别人添麻烦的人"。但是，我在美国的育儿过程中，真的从来没听到任何一对父母说过"我希望你成为一个不给别人添麻烦的人"。

"成为对别人有帮助的人"这句话的英文大概可以表达为"Be a change agent，What can you do for others"，但与之相对的"成为一个不给别人添麻烦的人"这句话如果硬要用英语表达的话，就成了"Don't be a trouble maker"，所以肯定不会有父母这样说自己孩子的。

在当今全球化的世界，要想建立更美好的社会，就要将视角聚焦到"如何成为一个对社会有用的人"。

## 03 成为"利己 + 利他"之人

比如，你想成为一名糕点师。是因为自己喜欢甜食呢，还是为了能做出让家人微笑的蛋糕，让那些即使对小麦过敏的孩子也能放心吃到蛋糕呢？

比如，你喜欢读书。是选择为了自己读书方便而找一份书店的工作呢，还是会为推理小说爱好者们打造一个阅读方便的读书角呢？

比如，你想从事与时尚相关的工作。是因为自己喜欢时尚，所以想在某个品牌工作呢，还是因为自己肌肤敏感，所以希望为有同样烦恼的人找到能放心穿着的品牌服装呢？

比如，你是一名人生教练（Life Coach）。是因为可以居家办公，工作时间自由，还是想为女性的幸福和儿童的非认知能力发展作出贡献呢？

比如，你希望将自己热爱的绘画作为职业。是因为自己喜欢画画，还是希望教会孩子们通过绘画自由地表达自己的情感呢？

比如，你想成为一名医生。是因为自己好不容易才考上了医学院,还是为了帮助那些饱受病痛折磨的患者呢?

……

经过这样的思考,我们发现,拥有利他精神和成为一名有用的人,其实一点都不难。只要在自己一直以来的梦想中加入"利他"的想法就可以了。只要运用"第五种思维模式"中的灵活性思维,就可以轻松做到这一点。

接下来,就请参考前面的例子,在下面的空格处进行练习吧。

"我想做什么 + 为什么而做?"

## 04 培养自己的共情能力

我担任社长近二十年来的感受是,自己的事业看似是自己在做,其实自己并没有做什么。我所做的只是让自己行动起来,将摆在面前的事情一一做好,之后就是不断增加经验、增长见识、扩展人脉,仅此而已。

我每天会花费近两个小时,阅读时事、艺术、文化等各种报道,每天晚上出席客户和朋友们的活动,做一些与艺术相关的社会公益活动。所有的客户委托,我几乎都会接受,基本都会做到120%的WOW(超出预期的结果)。即使失败了,或者给客户增添了麻烦,我也一定会坚持到底,直到成功为止。这些"点"连接在一起,才有了现在的我。虽然我还有很多的"点"没有连接上,但这些没有连接上的"点"也给了我另一份财富,那就是经验。而把这些点连接起来的人,看似是我,其实并不是我。

"重子为了××,正在做这件事""帮助她一下吧""我认识这个人,带你去见见他吧""我已经帮你联系他了"……我身边的人就是这样不断地把这些点连在一起,而且都是很主动的。

我设定了自己的职业生涯,并且从清扫美术馆作品开始做起,四年后终于成立了自己的画廊。但在 2004 年 3 月中旬,画廊开业的第一天,华盛顿下了一场不合时宜的大雪。华盛顿这个城市的特点是,只要一下雪,城市就会"静止"。

"完了,谁也不会来了……"我当时心中充满了绝望。因为好不容易开张了,还特意从日本请来了艺术家们,但却没有顾客上门,我感到很对不起他们,因此备受打击非常难过。

然而,到了晚上 6 点开业的时间,一百多位平时只穿高跟鞋的女士们,居然都穿着长靴来了。她们说:"怎么可能不来呢!"我高兴得快要跳起来,同时也松了一口气,心中充满了感激之情。就这样,13 件作品在当晚一售而空。

这些画作之所以能够一售而空,完全是因为她们为我带来了客人。就这样,越来越多的人有机会通过亚洲的现代艺术感受到当今的亚洲。这不同于在纪念品商店购买一幅挂画或一个人偶,而是给大家一个了解当今的亚洲的机会,看到亚洲赶超欧美的力量、主题、技术和信息。

在 2004 年的时候,在华盛顿还只有我的画廊为大家展示亚洲的艺术。从 2006 年开始,华盛顿的其他画廊也逐渐开始销售亚洲的现代艺术作品。

我的画廊"Shigeko Bork mu project"(博克重子 MU 项目)的 VIP 客户包括著名的收藏家、政府官员的家人及美术馆等,经常被《华盛顿邮报》艺术栏目和其他主流艺术杂志报道，成为美国的顶级画廊之一。

这些成就是我自己一个人完成的吗？不，完全不是。

在我完全没有画廊的运营经验的时候，得到了很多人的支持。包括认可我的经营理念并且信任我的艺术家们，购买作品的收藏家们，为我介绍顾客的朋友们，展会首日前来参加的乔治城的其他画廊老板们、美术评论家们、策划展会的美术馆和策展人们，以及为了服务好欧美的顾客和亚洲的艺术家们的画廊同事们，对24小时不分昼夜工作的我给予全力支持的家人们……

我开画廊的目的是宣传亚洲的力量和美，正是因为有这些认可我的经营理念、相信我并支持我的人们，我的事业才得以存在。所以，我从不认为我的事业是我自己创造的。或者说，我不可能这么认为。这个事业是众多支持者所创造的。这就是我的感悟。

我在50岁的时候转换行业，开始进行教练课程和写作，也得到了很多支持。正是因为有很多的支持者对BYBS教练课程中"致力于女性的幸福和儿童的非认知能力发展，创造光明的未来"的理念表示认同，并向我伸出援助之手，才成就了现在的我。而且，这里还有一个拥有140名BYBS非认知能力育儿教练的团队伙伴。

我身边的这些支持者帮助我建立了各种联系，这是我一个人无论如何都做不到的。正是因为有这么多志同道合的支持者，我的事业才能如此顺利。也正因为如此，我才能不断实现超出预期120%的结果。每一天，我都心存感恩。

今后的时代瞬息万变，单打独斗的方式已经很难经营自己的职业生涯。为了经营一个幸福和成功的职业生涯，让我们首先塑造一个"拥有众人支持的自己"吧。

前面提到过，要想成为一个拥有众人支持的自己，要有利他的精神和成为对社会有用的人的心态转变。这里的关键是要有"共情力"。

## ■ "共情力"的关键是什么

共情力是指站在他人的立场上体谅他人的能力。正因为有了这种能力，我们才能够理解和体谅其他人。比如"你看起来很焦虑""有没有什么能帮你的""如果这样做的话就能帮助到所有人"等。

有凝聚力的人，不会只考虑自己，还会很擅长理解他人的情绪和立场，具有共情力。

## ■ 有共情力的人和没有共情力的人的特征

首先,我们来看看没有共情力的人的特征:

- 以自我为中心(只要自己好就行)。
- 对别人不感兴趣(只要不给别人添麻烦就行)。

显而易见,这种独善其身之人是得不到别人的支持的。

那么,具有共情力的人有什么特征呢?

- 认真倾听别人讲话。
- 对别人和各种事物都感兴趣。
- 喜怒哀乐,各种经验丰富。
- 善于寻找共同点。
- 能体察到对方的立场和情绪,并与对方共情。

正因为他们拥有这些特征,才会经常为他人着想。这样的人不会只考虑自己,而是拥有"利他"的精神,这种精神会让人不知不觉地想支持他。

## 05 幼儿园孩子的共情力

我在 35 岁的时候，想要改变自己的人生，并采取了主动行动。但那个时候的我，所有的求职几乎全军覆没，最终只剩下了清扫美术馆作品的志愿者工作，而我的职业生涯也正是从这里起步的。但我"想开一间画廊"的梦想，最初就是我一个人的战斗。

"我要开一家画廊！"当时我到处宣传自己，但最终没能实现梦想。原因就在于我只是想证明自己而已。因为我觉得自己在美国的首都毫无存在感，是个可有可无的人，所以想创造一个属于自己的地方，并且成为一个成功的人、受人尊敬的人、有钱人。这就是我最初的想法。

"为了自己实现梦想。"这有什么不好的吗？不，完全没问题。但是，即使梦想成真了，也只有自己一个人觉得开心。大家可能都不会对这样的梦想产生共鸣，会认为"那又怎么样呢，跟我无关"，所以很多人在听到我的梦想以后的反应都是"嗯""哦""好啊"之类的敷衍之词。无论我将这个梦想说得多么天花乱坠，都只会得到这样的反应，还真是在孤军奋战啊。

然而，当女儿上幼儿园以后，我发现了全新的视角，想法发生了彻底地改变。这正是我们在上一章所做的"增加视角"。这是四岁的幼儿园孩子们教给我的。

有一天，我到艺术课堂去帮忙。老师问孩子们："大家能为幼儿园周边的邻居做些什么呢？"于是，孩子们提出了五花八门的意见。比如"让附近的孩子们也能使用游乐场""可以跟我们一起玩"等。当时的我醍醐灌顶，原来梦想不一定只是为了自己，让大家一起获得幸福，让自己做的事对他人有帮助，才是更好的梦想。

从那以后，我对画廊的宣传方式发生了变化。"为了让更多的人了解到当今亚洲的文化魅力和影响力，我想开设亚洲现代艺术专业画廊。"来到美国后，我发现这里对亚洲的定位往往比欧美低，所以我一直想为改善亚洲的地位作出贡献，这也是后来我想开这个画廊的原因。

从那时起，越来越多的人开始聆听我的故事。对亚洲的地位同样感到不满为此自己也想做些什么的人，对亚洲产生兴趣的人，和亚裔相关的人，和亚洲人一起工作的人等，形形色色的人在各个不同的方面产生了共鸣，我的身边也逐渐开始出现了更多的支持者。

## 06 "第六种思维模式"的学习方法

作为社会的一员，站在对方的立场上思考问题，体谅对方的情绪和状态，是非常重要的能力。但是，为了让他人产生凝聚力和共情力的方向性也至关重要。

凝聚力首先需要让自己与对方产生共情，接下来再让对方和自己产生共情，这种双向共情是很重要的。与对方共情，让对方感到"这个人是懂我的"。这样的话，对方就会对你产生好感和信任感。

人们不会支持自己没有好感和无法信赖的人，为了让对方对我们产生好感和信赖，首先让自己与对方共情至关重要。接下来，当对方了解到你的理念和目的，就会产生想要参与的凝聚力，会主动协助我们做很多事情。

要想得到他人的支持，必须经过这两个步骤：

第1步：让自己与对方共情。
其结果：获得对方的好感和信赖。

第 2 步：使对方与自己共情，得到对方的支持。

改变思维的关键在于培养"共情的能力 + 被共情的能力"这两个步骤。

## ■ 开始教练课程

问题 17：你想听自己不认可的人讲话吗？

POINT：要想得到他人的支持，就需要给大家讲故事。为此，有一个必要的前提条件，那就是好感。想要得到他人的支持，首先要获得他人对自己的好感和信任，接下来才能谈到共情。如果一见面就让人没有好感无法产生信任，那么就不会有人愿意听你讲话，更无法获得支持。要想让别人与自己共情，首先要让对方有"想听这个人讲故事"的兴趣。他人对你的好感度越高，想听你讲话的兴趣就会越浓厚。

那么，我们应该怎么做呢？

实际上，交流从你走进房间的那一刻，甚至在你开口之前就已经开始了。第一印象是在最初的七秒内形成的，之后的对话也只是为了进一步确认自己的第一印象。所以，胜负就在前七秒。

而且，根据"梅拉宾法则[①]"，一个人对他人的印象，用语言传达的只占 7%，其余的 93% 都是通过非语言的交流来传达的。包括形象、肢体语言、语气和说话方式等感官方面的印象。所以，要想得到对方的支持，在最初七秒内给对方留下好的印象非常关键。

第 1 步：觉察。好感度可能很重要。

第 2 步：肯定。要想得到别人的支持，给人留下好的印象很重要。

第 3 步：决策。为了让别人与自己共情，需要提升好感度。

| 说话的内容很重要 | ⇒ | 视角重置 | ⇒ | 在开口之前胜负已定 |

第 4 步：行动。要想实现共情，需要践行"BYBS 提升好感度的三个步骤"。

在我的 BYBS 教练课程中，我非常注重以下提升好感度的三个步骤：

①清洁感

简单来说，就是干净。头发、指甲、皮肤、牙齿、衣服、鞋子、气味、随身物品都要充满清洁感，这是与别人见面的大前

---

[①] 梅拉宾法则（The Rule of Mehrabian）：梅拉宾在 1971 年提出：一个人对他人的印象，约有 7% 取决于谈话的内容，辅助表达的方法如手势、语气等则占 38%，肢体动作所占的比例则高达 55%。

提。人们对气味特别敏感。

②姿态

胜负就在前七秒，要彻底保持好站姿、坐姿。背部挺直，手轻轻放在两侧，千万不要交叉，不能跷二郎腿或双腿交叉。不要给人一种压迫感和高高在上的感觉，要营造出一种包容接纳的氛围，这一点很重要。

姿态良好的人不仅看起来赏心悦目，还会给人一种安全感和信任感，让人觉得你是一个从容不迫的人。我也特别注意自己的坐姿，如果过于随意，背部就会弯曲。正如一位兼任健走教练的BYBS教练所说的那样，要让自己的坐骨好像插入椅子里一样。我也正在实践这一技巧。

③表情

请注视对方的眼睛，嘴角上扬，笑容是提高好感度的关键。

问题18：你认为自己有强烈的被认可的需求吗？

POINT：通过"沟通的三要素"赢得对方信任。取得好感之后，接下来的目标就是赢得信任。要做到这一点，就要满足对方希望被认可的需求。很多人都希望别人知道自己的存在，希望别人了解自己在想什么，期待什么，想做什么，希望向人倾诉。

我在进行教练课程辅导的时候，发现有一位最初一直强调自己不擅长讲话的客户，现在每次都会抓住某个机会侃侃而谈。每个人都希望别人了解自己，这种需求远远超出了自己想了解别人的愿望。所以，首先让我们满足对方的这个需求吧。这样，就会让对方产生"这个人很懂我"的信任感，最终会让对方产生想了解你的愿望。

这时，才开始谈论自己。当对方已经对你产生了好感和信任感，这时听到你讲述的理念和利他之心以后，更容易与你共情，并想要支持你、帮助你的概率会很高。

第 1 步：觉察。有强烈的被认可的需求是很正常的事。

第 2 步：肯定。满足对方希望被认可的需求很重要。

第 3 步：决策。首先要多关注对方，主角不是自己而是对方。

| 主角是自己 | ⇒ | 视角重置 | ⇒ | 主角是对方 |

第 4 步：行动。通过沟通的三要素，获得对方的共情。

要素 1：称呼对方的名字，满足对方被认可的需求。

当确定要与某人见面的时候，一定要做好准备工作。如果事先不知道要见谁，在交换名片或自我介绍之后，一定要称呼对方的名字。

如果没听懂不要装懂，一定要弄明白为止。这是我从事商业领域时从很多经营者和营业专家那里学到的最重要的东西。而且，在现实中，很多成功人士都能够记住大量的人名。哪怕只见过一面，也要记住对方的名字。忘记了就坦诚相问。

当忘记了对方名字的时候，如果你不是独自一人前往，可以用相互介绍的方式让对方自己说出来，这是一个常用的小技巧。但每个人的名字都是独一无二的重要信息，无论什么时候，我们都要用心叫出对方的名字。永远不要对别人的名字不屑一顾，这一点很重要。

要素 2：倾听约占 80%。

为了满足对方希望被认可的需求，一定要认真倾听对方讲话。倾听要占 80%，讲话只占 20%。倾听的时候，要用点头等肢体语言，向对方表示"我听得很认真"。不管对方是谁，有人肯认真倾听自己说话，都会很高兴的。点头或语言附和，都可以向对方表示自己正在"共情"。

要素 3：其余 20% 的讲话要以提问为主。

其余的 20% 的讲话要以提问为主。要不断地通过提问引导对方说话。原因就在于要满足对方"希望被倾听，被理解"的需求，但这里还有另一个原因（将在下一个问题中解释）。那么，为了更好地了解对方，让对话持续下去，首先要提高我们的"提问能力"。

正确的提问：只有对方才知道答案的问题。当感到对方对自己很感兴趣的时候，我们会感到很开心。这是因为，自己的存在得到了认可。要集中深挖诸，如对方的感受如何，对方做了什么，为什么要那么做，等等此类只有对方才知道答案的问题上。这样的话，对话就能持续下去。

错误的提问：只要查一下就能知道的事。如果你的问题都是一些基本事实和公司信息等只要搜索一下就能知道的事情，对方就会认为你从一开始就对他不感兴趣。而且这种问题的答案没有办法深度扩展，所以"对话"也很难持续下去。

还有我们在对话的过程中，可能会因为过于紧张或者急切地希望给对方留下好印象，容易语速过快。请尝试着放慢语速，也许我们自己感觉语速过慢，但对于对方来说，可能刚刚好。

首先，给对方留下一个好印象，再去赢得对方的信任。这样做，就能提高别人倾听自己讲话的机会。

**问题 19：你认为交流愉快的秘诀是什么？**

POINT：获得共情的捷径是找到双方的共同点。收获了好印象和信任感之后，对方会对你产生兴趣。在这里，双方的共同点很重要。如果双方具有共同点，对方会产生一种认同感，再加上好印象和信任感，就能够引导对方对自己越来越感兴趣。

如果双方有共同的话题就很容易共情，对方会很想听听你的故事。要想找到双方的共同点，就需要进行有效提问。要不断地向对方提出问题，找出双方的共同点。这样，你就有机会最终讲出自己的理念和愿景，得到对方认可的概率会大大增加。

一旦得到了对方的共情和认可，对方就更容易产生"我想为这个人做些什么""我能帮他些什么"的想法。

第 1 步：觉察。交流自己喜欢的事情时很愉快。

第 2 步：肯定。和有同样兴趣的人聊天很愉快。

第 3 步：决策。找出对方和自己的共同点。

| 自己的话值得别人听，所以对方认可我 | ⇒ | 视角重置 | ⇒ | 双方有共同点，所以对方认可我 |

第 4 步：行动。通过磨炼"提问能力"，找到双方的共同点。

我在华盛顿的社交聚会中，培养出了寻找双方共同点的提问能力。如果没有这个能力，社会贡献活动就很难做好。而且，这种对话是有规律的。首先，对于女性，可以称赞对方的衣着品位。如果对方的头发的确保养得很好，可以赞美一下秀发。可以根据对方的特点决定谈话交流的领域。对于男性，尽量不要涉及外表。可以询问对方与邀请方（会议的目的）或与某个参会者的关系等。

接下来，可以聊聊是否住在华盛顿。如果是的话，与自己家的距离远近等。

当对方聊到孩子的话题时，我也会聊起孩子的事情。就这样，不断增加与对方的共同点。

首先，要从目之所及的地方开始提问。

如服饰、发型、美甲、随身物品等，先从无伤大雅的地方聊起来，接下来再转向目不可及的地方。比如兴趣爱好、工作职务，或者居住地，夏天喜欢去哪里旅行、故乡、喜欢的食物……

政治和宗教，以及关于性的话题等，是首当其冲的禁区。

关于婚姻和子女的话题，除非对于双方来说都是已知的事实，否则也应该尽量避免。

如果双方都有孩子，那么很容易有共同语言。如果和对方的行业及工作相同，也能产生很多共同话题。

问题 20：你参加过战争吗？你曾经失去工作吗？你当过社长吗？

POINT：自己能亲身经历的事情是很有限的。站在他人的立场思考问题的共情力可以通过"模拟体验"来培养。因为我们身处于全球化的社会，在工作中曾遇到形形色色的人，要想和别人一起工作，能否理解别人的生活背景非常重要。虽然我们不能亲身体验对方的经历，但通过模拟体验可以做到。这可能是我为了增加支持者而努力的一个重要方法。

第 1 步：觉察。我经历过的事情也许太少了？

第 2 步：肯定。自己能亲身经历的事情，其实很少。

第 3 步：决策。理解不同人物各自的立场，并与其共情。

| 自己经验丰富 | ⇒ | 视角重置 | ⇒ | 自己能亲身经历的事情很少 |

第 4 步：行动。通过"模拟体验"提高经验值，提升共情力。

从现在开始，每天要进行"模拟体验"。请根据当天的时间，选择能做的事情并加以实践。

从每天 5 分钟开始做起，你觉得如何？我现在每天都会练习模拟体验，以便无论遇到什么人都能找到共同话题，也能想象出对方所处的立场。

例如：

- 读书（纪实文学）。
- 观看纪录片。
- 参加研讨会、演讲会、谈话活动等。
- 和各种各样的人交谈。

## 章节总结

人类是社会性动物，很难独自一人生活。

正因为人类是群居的社会性动物，所以需要与社会多接触。

当我们有能力帮助别人的时候，会感到最大的幸福感和满足感。

"不给别人添麻烦"可以作为个人的原则，"对别人有用"才能与社会产生契合点。

未来的时代，职业生涯要靠"利己＋利他"来打造。

凝聚力的关键是"共情力"。

# 第七章

## 用"计划偶然性"理论,打造专属的未来

## 01 传统的职业规划面临挑战

至此，我们掌握了第一种到第六种"思维模式"，培养了自我肯定感、自我导向、成功体质、主体性、共情力等。所有这些都是在整理自己的内心。但普通的职业构建书籍会跳过这些过程，直接学习如何书写人生规划。这就是它们很难奏效的原因。但是，你没问题。因为到目前为止，你一直坦诚地面对自己，意识到找到自己的正确答案的重要性，并通过学到的技能以及行动力和凝聚力，获得了无论什么情况下都能开拓自己道路的"思维模式"。

接下来，我们将学习如何创造一个让自己感到幸福的职业生涯。这是你所需要的最后一件"思维模式"。

在本章中，我们将学习如何实际绘制未来的蓝图以及如何采取行动。

接下来将未来的规划写出来，重点是要向自己提问。

本章将以前述问题为基础，提出更深入的问题。这样就更容易落实到行动上。我们要学习的最后一个"思维模式"，就是能够在巨变的时代发挥威力的职业构建类型"计划偶然性理论"。

## 02 "计划偶然性"是未来规划的关键

基本视角重置：

反复推敲制定周密的长期人生规划 ⇒ 视角重置 ⇒ 顺其自然 + 短期人生规划

### ■ 计划偶然性理论的关键：顺其自然的方向性

"计划偶然性理论"是斯坦福大学教授约翰·克朗伯兹于1999年提出的理论。调查结果显示，只有2%的人在18岁时找到了自己想要从事的职业，80%的人的职业生涯是由意料之外的事件或偶然的邂逅所促成的。只是，这里的"偶然"和"意料之外的事件"并不是守株待兔，而是需要自己积极地行动，伸展"触角"，对周围的事物产生兴趣，并通过不断积累知识、经验和专业技能，更容易产生想法。

更通俗点说，就是通过行动来增加知识、经验、邂逅，提高偶然事件或意料之外的事件发生的概率，创造自己的职业生涯。

这些点越多，就越能通过某种契机建立联系。这些点连接的可能是自己，也可能是自己周围的某个人。但是，如果没有这些点，就无法建立任何连接。

我们不知道这些点是如何联系在一起的，但计划偶然性会让我们朝着某个方向行动，让我们增加更多的知识、经验和邂逅。它是一种知识、经验和邂逅的积累，目的是朝着某个方向不断接近目标。

所谓某个方向，并不是精准的目标。其实，我们只要有一个"顺其自然"的方向就足够了。因为这样，就更容易伸展我们的"触角"，更容易增加"点"的个数。

POINT：不必明确"想做的事"，只需要有一个"顺其自然"的方向就行。

## 03 计划偶然性，打破职业界限

传统型的职业生涯论认为：自己的职业生涯是自己有意识地积累工作经历所形成的。其实，这种传统型的职业生涯论是有局限性的。

一直以来，人们始终认为"只要合理分析自己的兴趣、适应能力、周围环境等问题，就能明确自己想追求的最终目标以及达到目标后的提升路径"。的确，这种方式在稳定不变的社会中是有效的。

但是，在如今瞬息万变的社会中，这种方式是存在局限性的。因为你所追求的职业可能会消失，而且随着技术的进步，传统的工作方式有一天也可能突然发生翻天覆地的变化。也就是说，在一个未来不可预测的社会中，传统的职业构建方法是很难奏效的。

即便如此，你是否依然认为"顺其自然"让人非常不安？

## 04 突破自我局限

你是否会担心这么做也太没有计划性了。因为我们从小就被告知做任何事情都要有计划性，比如每天要做多少页的暑假作业等。那么，我就来谈谈一直被认为"明确愿景才是好的人生规划"的传统职业生涯设计的局限性。

传统职业规划的问题点①：设定一个已经实现了的目标，逆向反推出为了实现这个目标现在该努力的方向，这具有局限性。

这种传统的人生规划有两个大问题。

其一，设定已经实现的目标进行逆向反推，本身就有局限性。

比如，我们设定的愿景是："28 岁取得房地产中介从业资格，30 岁结婚，32 岁生孩子，60 岁退休，之后悠闲度日。"那么，我们由此逆向规划人生的话：

要想在 28 岁取得房地产中介从业资格，需要从 25 岁开始学习，三年后拿到资格。是不是感觉这个逻辑清晰明确，应该行得通呢？但这里有一个问题。那就是这个规划的前提是"基本稳定不变的社会"。但在当今技术进步、全球化和多元化加速变革的社会，只盯着某个目标反推三年、五年甚至十年的漫长跨度来规划人生，是有局限性的。

根据厚生劳动省的外部机构"中央劳动委员会"2021 年进行的"工资情况等综合调查"显示，日本在 1997 年至 2018 年间，退休金下降到了 1000 万日元左右。

过去考虑在 60 岁时退休，是因为那时候退职金在 1000 万日元以上，但现在已经无法保证能一直持续下去了。房产中介这个工作规划的前提，也是这个行业是永久存在的，其实风险很大。

牛津大学的迈克尔·奥斯本教授 2014 年的一项研究显示，未来 10 年到 20 年，美国总就业人数中，47% 的工作很可能实现自动化。其中，有 702 种职业在未来消失的概率很大，而房地产中介行业（房地产经纪人）消失的概率大概在 97%。

下表就是其中的部分示例：

| 排名 | 消失的概率 | 职业 |
|---|---|---|
| 1 | 99% | 电话销售人员 |
| 5 | 99% | 保险业务员 |
| 12 | 99% | 数据录入员 |
| 15 | 98% | 证券经纪人 |
| 17 | 98% | 贷款业务员 |
| 20 | 98% | 银行柜员 |
| 34 | 98% | 模特 |
| 35 | 97% | 餐厅、酒吧、咖啡厅服务员 |
| 40 | 97% | 房地产经纪人 |
| 74 | 96% | 一般文员 |
| 93 | 95% | 美甲师 |
| 99 | 94% | 酒店、汽车旅馆、度假酒店的前台 |
| 114 | 94% | 审计师 |

如果按照传统的职业构建方法来进行职业规划，一旦职业本身消失了，很可能晚年生活就会非常困顿。但如果你在面对变化的时候有敏锐的反应，那么就有可能避免这些问题，发现新的可能性。因此，职业规划的期间越长，失败的可能性就越大。

另外，只关注一个职业，很容易错过周围正在发生的变化。那么，我们就会落后于变化。在这个瞬息万变的社会中，如果使用"逆向反推方式"的职业规划，很难获得自己想要的人生。即使再重新寻找另一个目标去反推人生规划，也会再次受挫，而且，最糟糕的是，你会陷入这种恶性循环之中。

传统职业规划的问题点②：认为只有"现在"的自己才能描绘人生，这具有局限性。逆向反推方式的人生规划存在的第二个问题在于，从一开始就把愿景与职业和生活事件关联起来进行反推。因为这意味着会失去"某些东西"。那就是更多的可能性和选择。我们只能在"现在"自己所知道的、所掌握的知识领域中去想象事物。所以，也只能在这个有限的领域内制订周密且明确的计划。

那么，我们将失去更多的可能性和选择。因为生活中充满了各种机会。我们需要通过不断的体验和经历去认识自己，使自己成长。如果目光仅仅盯着一处，就只会筛选出"现在需要"或"现在不需要"的机会。这样就会错过其他的可能性和选择。这里面可能有顺应时代变化所需要的技能的更新，也可能有使用最新技术的新工作，也可能有从朋友那里听说的新职业。而且，对于自己的成长空间，也只考虑到自己目前的程度，没有为未来留出更多的空间和选择。

这也是用逆向反推的方式精确规划人生的问题点之一。在巨变的时代，这种职业构建法会让我们错失很多机会。

## 05 培养"5＋1能力"

接下来，让我们来学习"计划偶然性"的五种技能吧。克朗伯兹教授列出了以下五种能力，全都属于非认知能力：

- 好奇心：不断探索新的学习机会。
- 持续性：不因失败而沮丧，继续努力。
- 灵活性：不执着于唯一的正确答案，而是改变自己的信念、观念、态度、行为。
- 乐观性：认为一定会有办法解决的，积极性思维。
- 冒险精神：行动！即使结果不确定，也要排除险阻，尝试着行动。

我认为在这里，还应该加入第六种能力。那就是"感恩之心"。

正是因为周围人的支持，才有了自己的幸福人生。每一次支持，每一个点的连接，每一次经历，都要心怀感恩。这是因为，没有任何支持是天经地义的，也没有任何连接是理所当然的。甚至可以说，是一句句"谢谢"打造了自己的职业生涯。我们每一天都要感谢很多人，多亏大家的支持，我们才能努力工作。真的，非常感谢。

## 06 "第七种思维模式"的学习方法

话说回来，看到刚才提到的五种能力，大家是否意识到了什么呢。是的，没错。这本书从一开始就是根据这个理论写的。本书可以说是一本"通过计划偶然性实现职业生涯构建的书籍"。为了最有效地使用"计划偶然性"这一强大"思维模式"，需要先掌握这六种能力。

好奇心属于"第四种思维模式"，灵活性属于"第五种思维模式"，冒险精神和乐观性在"第三种思维模式"中的"首先行动起来"中提到过。而持续性，可以说是这本书背后的主题。

技能（行动）的实践可以将自己的无效思维和行为习惯变成有效的习惯。为了能让大家持之以恒，这些技能已经进行了彻底简化，无论何时何地都可以行动起来。

这一切都是为了实现持续性。如果我们不能坚持下去，就无法得到好的效果；即使在效果出来以后，如果不能将好的习惯持续下去，也会前功尽弃。

只要你能实践并坚持运用第一种至第六种"思维模式"中的任何一项技能，都可以自然而然地获得"持续性"。只要坚持实践本书中所有的技能，你就可以培养出适用于巨变时代的"计划偶然性"职业构建类型。

希望大家一定要将本书中所学到的知识付诸实践，经营一个令自己感到最幸福的职业生涯。为此，每天都要思考"为什么而行动（动机）"。

那么，在本书最后的教练课程之前，让我们一起设定一下"自己是为了什么而行动"。

自问：自己是"为了什么"而选择这本书的呢？

好了，现在你准备好了。

## ■ 开始教练课程

问题 21：你是为了什么而活呢？

POINT：愿景"为了什么而活"的设定→愿景是"顺其自然"即可。过于精确的愿景容易错过很多可能性和选择。从现在开始，我们需要伸展"触角"，开阔视野。

基本方向性（愿景）的示例：大体上的方向性也需要"利己 + 利他"的视角。正如在上一章内容中介绍的那样，这是扩大自己的可能性和选择的关键。

- 希望使用自己的经验，帮助处于相同状况的人。
- 希望使用自己的技术去帮助别人。
- 喜欢温情的土地，希望与那里的人建立连接。
- 希望通过架起全球化、多元化的桥梁，获取全球化的红利。

只要"顺其自然"就可以，顺其自然可以让自己自然而然地发现"自己到底为了什么而活"。而且，你会开心地发现自己多了很多选择的空间，可以想象出各种令人兴奋的场景，激发自己的冒险精神。而且，条条大路都可以到达自己的目的地，自己可以胸有成竹，从容不迫。

这些选择的空间还可以令自己开阔视野、增长见识、增加经验、邂逅更多的机会。重子教练的愿景是："通过教练课程，为女性的幸福和儿童的非认知能力发展作出贡献！"

第1步：觉察。不确定自己想做什么也没问题。能明确地知道自己想做什么的人非常棒，但是不确定的话可能也不是坏事。

第2步：肯定。不确定的话，边做边找就可以了。

第3步：决策。如果目标精确，视野就会变窄，所以顺其自然也很好。

聚焦负能量 ⇒ 视角重置 ⇒ 聚焦正能量

第4步：行动。寻找自我愿景需要使用"自问集"。一边回答下面的问题，一边寻找对于自己来说"为了什么而活"的答案吧。

■ 寻找愿景的自我问答

问：自己想过什么样的生活呢？

- 什么时候会自然地微笑？
- 自己怎样才能过得开心？
- 你羡慕的生活方式是怎样的？

问：做什么工作能够帮到别人呢？

- 自己拥有哪些专业知识和技能？
- 希望自己以怎样的方式与社会产生联系？
- 自己将来想掌握的专业知识和技能是什么？
- 什么事物对于塑造自己的性格有帮助？
- 自己对什么事情感兴趣？

问题 22：为了更接近自己的愿景，现在应该怎么样去生活呢？

POINT：回答六项问题，寻找自己的正确答案→行动。那么，为了实现这个愿景，我们是否应该开始行动？"做什么？什么时候做？做多久？如何做？在哪里做？"

因为我们的愿景是"顺其自然"产生的，所以实现目标的行动范围也会很广。因此，只要持续地践行这些范围内的有用的事情，这些行为和结果就会变成自己的人脉、知识、可能性、选择等无形的资源，让我们的人生向前迈进。但要记住，不能盲目地去做眼前的事情，要有意识地选择自己的行动，在体验到行动幸福感的同时，逐渐接近自己的人生愿景。切记，一定不能盲目行事。

这时，需要的是"选择的标准"。首先，要明确选择的标准是什么。换言之，就是要明确自己的价值观。之后，再将摆在面前的所有事物根据这个价值观标准进行筛选。

第1步：觉察。原以为愿景是高不可及的，但也许会实现。

第2步：肯定。愿景是为了实现而存在的。

第3步：决策。有意识地采取行动，接近并实现愿景。

第4步：行动。遵循自己的价值观，有意识地选择行动。

| 感觉愿景是高不可及的 | ⇒ | 视角重置 | ⇒ | 遵循价值观选择行动，接近愿景 |

接下来，需要明确"六个价值观"，同样采用自问的方式。

## ■ 探寻价值观的自问

来吧！请就"金钱""工作""工作方式""工作与金钱""生活方式""伴侣关系"这六个方面，向自己试着提出以下几个问题吧。一旦明确了自己的价值观，就能清晰地知道自己应该采取什么行动来达成愿景了。

坚持这样的行为，就能经营好自己的职业生涯。这不同于传统的只盯着一处，避免浪费时间的逆向反推运算，而是通过一个一个的行动把各种各样的事情累积起来的加法运算。这才是适合当今瞬息万变的时代的职业构建方式。

将自己的回答写在笔记本上，通览之后，再写出自己最终的结论。为了接近这个顺其自然的愿景，每天坚持行动非常重要。

应该采取什么样的行动，想要收获哪些方面的进步……这些都是提问的要点。请诚实回答：

①关于金钱的自问

问：自己需要多少钱？

- 现在的收入来源是什么？
- 现在的收入够吗？对将来也感到安心和放心吗？

问：自己是否经济独立？（主要面向女性）

- 现在是完全依附于他人的状态吗？如果是的话，现在和将来是否都可以放心？
- 自己希望在经济上独立吗？认为有必要经济独立吗？
- 如果自己现在没有收入，怎样才能有收入？
- 自己可以想出多少种赚钱的途径？
- 如果自己要开始做副业，现在的自己能做什么？

②关于工作的自问

问：对于自己来说工作是什么？以下哪一项更接近？

- 是劳动的代价，是获得报酬的手段。
- 是感受自身存在价值的手段。
- 是感受自我成长的手段。

- 是感受自己与社会相连接的手段（对他人和社会有帮助）。

问：如果因为生活或家庭而减少工作或辞职，是自己主动提出来的吗？

以下哪一项更接近？（主要面向女性）

- 自己希望辞职，为家人付出一切。
- 如果可以的话，希望二者兼顾。
- 如果可能的话，除了生育以外的生活任务（家务、育儿、照顾老人等）都外包出去。
- 自己绝不想辞职。

问：工作和自己之间的理想关系是以下哪一个？

- 职业生涯最优先。
- 家庭和工作两不误。
- 找一份可以优先照顾家庭的工作。
- 成为全职主妇，专心于家务和育儿。

③关于工作方式的自问

问：除了正式工作、非正式工作、短期工作、兼职工作、小时工、副业、并行工作、创业、自由职业者等工作形态以外，你还会考虑哪些工作方式？

- 时间固定的工作。
- 不需要紧急应对的工作。
- 有产假和育儿假的工作。
- 没有男女性别差异的工作（晋升和工资等方面）。

### ④关于工作和金钱的自问

问：以下哪一项更接近自己的感受？

- 如果感受不到自身存在的价值和工作价值，即使能赚到钱也不行。
- 为了赚钱而工作，为了自己喜欢的事情而生活。
- 赚钱越多越好。
- 需要多少钱就赚多少钱。
- 只要能赚到自己需要的钱，就可以了。
- 即使这份工作低于我的能力，但只要能赚到所需的钱就行。

问：希望追求充实的工作？（工作有趣、能感受到成长、被需要）

以下哪一项更接近自己的感受？

- 不喜欢无聊的工作。
- 工作的乐趣很重要。
- 通过工作感受到自己的成长很重要。

- 切实感受到对他人和社会有帮助很重要。
- 将专业技能和知识用于工作中很重要。

问：现在的公司和自己的关系是什么？
- 现在的公司能满足自己追求的职业生涯经营吗？
- 现在公司的制度（居家办公、弹性工作、短期工作、育儿假、产假、其他休假）可以满足自己追求的生活方式吗？
- 公司里有人正在享受这些制度吗？企业文化便于制度的执行吗？
- 公司拥有乐于接受多样性的氛围吗？
- 公司有公正的考核制度吗？
- 自我成长和公司的相关性大吗？

## ⑤关于生活方式的自问

问：能让自己感受到幸福的生活方式是什么？
- 对自己来说，绝不能迁就的生活水平底线是什么？
- 生活中什么事情坚决不能迁就？
- 怎样的生活能让自己每天都感到幸福？

问：如果想追求个人生活的充实感，需要什么？
- 如果必须赚更多的钱才能满足自己所追求的生活方式，你会选择赚更多的钱，还是选择改变生活方式？

• 对于自己与家人之间或与夫家的家人之间，希望追求一种什么样的关系？

问：私人时间（学习、兴趣爱好、和朋友共度的时光、娱乐时间等自己的私人时间）。

• 对自己来说，私人时间的定位是什么？（绝不妥协？有没有都无所谓？）

• 私人时间在日常生活中的比重是多少比较理想？

• 希望为了自己的私人时间而活吗？

### ⑥与伴侣关系的自问

问：自己追求的伴侣关系是怎样的？

• 首先自己希望有一个伴侣吗？

• 自己想要孩子吗？

• 希望伴侣支持自己活出自己的人生吗？

• 希望与伴侣建立平等的关系吗？

• 伴侣与自己在家务、育儿等问题上具有相同的价值观很重要？

• 现在的伴侣使自己追求的生活方式成为可能，还是妨碍自己追求想要的生活方式？

- 自己希望在育儿、家务、照顾老人等方面花费多少时间？

通过回答上述问题，可以明确自己的价值观。

请将上述问题的答案写在笔记本上，并将据此总结出来的内容整理出来。这样一来，就能够清晰地了解自己为了实现愿景需要做些什么。而且，这种顺其自然而产生的愿景更容易被实现。

生活就是一个以自己为主角的剧本，既然自己是主角，那就尽情地描绘自己想要的人生吧。很多人下意识地想展示自己好的一面，所以在答题时会不由自主地选择"优秀答案"。我刚开始回答的时候也是如此，但那根本不是真正的自己！

这个答案并不会给别人看，所以一定要诚实地面对自己的内心。如果能做到这一点，接下来就只要行动并实现它就可以了。

没关系，你一定可以的！

是的，你可以。我相信你！

比如，当我在画廊发展的巅峰时期选择了关闭画廊，并开始选择在家里做艺术咨询工作时，我整理自己内心后写下的总结是这样的：

"现在，我想把育儿和家庭放在首位。但是，我绝对不想放弃经济上的独立，所以我会选择可以二者兼顾的工作来赚钱。咨询虽然不像画廊那样令人兴奋，但这是我力所能及的工作，能赚到我需要的钱，所以我做出了这样的选择。

但是，等到女儿上高中以后，我想把更多的重点放在事业上。为此，我现在每天都会保证15分钟的学习时间。

希望我的'第二人生'能以不同的方式为社会作出贡献，所以腾出时间去发现自己的'第二人生'。我想找到一份能够发挥自己的能力帮助他人，同时能够感受到自己的成长，能让自己快乐地沉醉其中的工作。如果可以的话，我希望是与自己在美国见到的各种女性的生活方式相关的工作。

所以，只要不是必须我本人来做的家务，我会尽可能地外包出去，费用由我自己来赚。节省出来的时间，用于与各种各样的人见面。我还想练习写作，还想尝试做博客等。

这样的话，到了50岁的时候，我将厚积薄发！成为自己想成为的那个最好的自己，成为一个为女性开拓自己新的生活方式作出贡献的自己。我和给予我支持的伴侣彼此扶持，我也同样支持伴侣的生活方式。我希望和我的伴侣在经济上不相互依存，以独立个体的关系携手共进。"

请试着从答案中整理出自己的内心想法，并写下来。

问题 23：规划越长远、越周密越好吗？

POINT：找到的点越多，能将其连接在一起的偶然性就越多。重要的是增加可以连接的点（经验、知识、邂逅）。为此，需要在短时间内做出小的成果。三年、五年规划的时间太长了，即使能实现的可能性很大，但到时也很可能已经过时了。与此相比，增加潜在的点（经验、知识、邂逅）更为有效。

周密、长远、规划 ⇒ 视角重置 ⇒ 偶然、眼前第1步：觉察。也许周密的长期规划并不是成功的关键。

第2步：肯定。目标可以是短期的。

第3步：决策。做好眼前的事，不断增加连接点。

第4步：行动。"BYBS 偶然地图"技能。

"BYBS 偶然地图"是"计划偶然性"的可视化产物，让我们一眼就能看到自己目前应该做的事。

## ■ 工作表"BYBS 偶然地图"

下一页的内容，是以我前面所述的自己的愿景和自己现在应该过的生活为基础，从最初的画廊过渡到咨询工作的"BYBS 偶然地图"。

基本方向：我想向生活方式多种多样的女性们传达信息，并做一些有助于她们的事情，绝不能放弃经济独立。

### 与人相关的财富

过去：艺术家、收藏家、画廊经理、美术馆相关人士、华盛顿社交界人士等。

现在和未来：想结识的人：出版界人士、编辑、作家、演说家、可能邀请我进行演讲的人、活动策划专业人士、记者、媒体相关人士、人生教练的前辈、创业者、日美间商务人士、看起来很幸福的人。

### 信息和知识收集

每天花两小时接触信息
CNN（美国有线电视新闻网）
MSNBC（美国微软全国广播公司）
VanityFair（名利场）
ArtNews（艺术新闻）
WashingtonLife（华盛顿生活）
Georgetowner（乔治城）
东洋经济
统领杂志
周刊文春
日美畅销书（虚构文学或纪实文学兼顾）

*基本方向：我想向生活方式多种多样的女性们传达信息，并做一些有助于她们的事情，绝不能放弃经济独立。*

### 好奇心

过去：音乐、海外留学、海外生活、语言、研究生……

现在和未来：我想写博客，想认识各种各样生活方式不同的人，我想了解SNS，我想了解各种各样的商业形态，我想体验有两处据点的生活（海边），我想了解桃红葡萄酒，想了解医疗犬、抗衰老、把杆芭蕾……

### 更新与再学习

（学习有用的知识，对过去有用的技能进行更新）

过去：现代艺术史、艺术史、法律、英语、法语、秘书工作、研究工作、网球、伦敦通、拍卖业务、画廊经营管理。

可以将其扩展：
需要学习的新知识：练习写作、练课程学习、别人的博客、西班牙语、关于金钱、关于投资、关于咨询、关于社会企业家、关于市场营销、关于在日本经营、如何驻颜有术。

截至本章，你已经一步一步地学习了很多技能，也写了很多东西，这些东西在这里都用得上。首先，将学到的知识写到"BYBS偶然地图"中，这样就将计划偶然性变成了可视化的内容。通过书写，能看清自己要做的事情。同时，将其转化为行动。

基本方向：一切都始于愿景。

好奇心：想尝试的事情、喜欢的事情、想知道的事情等，是获得知识和经验的契机。第四种"思维模式"："Take a bite"技能。第五种"思维模式"："成为初学者"技能。

更新与再学习：想通过自己过去的特长、技能、经历等去提高自己的能力。

与人相关的财富：可能帮助我的人、自己想结识的人、自己憧憬的人、喜欢的领域的专业人士等。

第一种"思维模式"："建模"。

信息和知识收集：由于输出量与输入量成正比，所以每天都要收集信息。请写出应该收集的信息和想要收集的信息。另外，每天至少浏览五种媒体，写下感兴趣的信息，增加感兴趣的各个领域的知识。

**过去**：填写已有的知识、经验、与人相关的财富等。

第一种"思维模式"："积极财产"的可视化。第三种"思维模式"：挖掘"成功的自己"

**现在和未来**：写出正在做的事、想做的事、感兴趣的事、想认识的人等。

在展示的各个项目中，已经写出了应该参考本书的哪种"思维模式"，建议使用哪种技能得到答案等，就按照这样写出来吧。

请参考我的"BYBS偶然地图"，在下一页自由发挥出你选择的方案吧。

此外，**将"BYBS偶然地图"写在一张很大的纸上效果也很好**。我就把它贴在一大面墙上，再将点和点之间连接起来。这也是一种不错的方法。

| 与人相关的财富 | 信息和知识收集 |
|---|---|
| 过去： | |
| 现在和未来： | |

基本方向：

| 好奇心 | 更新与再学习 |
|---|---|
| 过去： | （学习有用的知识，对过去有用的技能进行更新） |
| 现在和未来： | 过去： |
| | 可以将其扩展： |
| | 需要学习的新知识： |

## 问题 24：你现在变成行动派了吗?

POINT：有了"BYBS 偶然地图"，接下来只要行动起来就可以了！一直努力学习到现在的你，真的很棒！相信你一定能坚持到底，取得胜利！

最重要的是不要半途而废。当你回头看的时候，可以看到自己的成长，所以一定要做好记录。

使用"BYBS 偶然地图"采取行动时的四个步骤：

第 1 步：创造行动的时间。

可以参考：第四种"思维模式"：如何安排每天 15 分钟的探索学习时间；第四种"思维模式"："不办事项清单"的时间安排方法。

第 2 步：寻找马上就能做、马上就能见效的行动。

可以参考：第三种"思维模式"：每天一次，小小的成功的技能。

第 3 步：行动起来。

可以参考：第三种"思维模式"：运用"DCPA 循环"以实现"Just Do It"的技能。

第 4 步：记录观察。

写到"BYBS 偶然地图"中的项目中，将做过的项目打上钩。然后再观察地图，并写出这次会采取哪个行动。将可能连接的点、已经连接的点写出来，之后只要坚持下去就行！

刚开始可以每天15分钟，从力所能及的事情开始做起，至少持续三个星期。接下来，需要制订一个更大的行动计划。比如制订需要花费一天的时间，或者花费一周的时间才能见到效果的计划。不断通过这种方式，在各种渠道上增加相关的点，比如15分钟内可以做的事，或者更长时间可以做的事。只要重复这个过程即可。

我一直以来都是根据"BYBS偶然地图"里的项目去做眼前的事情而已。联系自己想见的人，被拒绝了就找别人，想做的事情尽量马上就做，做那些尽可能少花费时间、金钱和精力的小事，之后再去实践……不断重复这个过程。这样的话，无论遇到任何情况，我都能通过实践摸索出不必放弃经济独立的方法。在这个过程中，我遇到了很多人，经历了很多事。

随着时间的推移，我心中的愿景也越来越明确。我从最开始"希望传播各种女性的生活方式信息以帮助她们"的愿景，转变为"希望通过教练课程的学习和写作，致力于女性的幸福和儿童的非认知能力发展"的这个明确的愿景。

我的梦想也越来越大。十多年前我刚开始学习教练员课程时，是无论如何都想象不出我现在的梦想是什么样子的。这是因为，每个人都只能在自己当时的认知范围内想象自己的梦想。

计划偶然性的伟大之处在于，随着自己的成长，自己的愿景也会越来越大。它会自然而然地迎合你的成长空间。正因为如此，比起只盯着一个目标便毫不顾忌地乱冲，这样做更有助于创造属于自己的幸福人生。

还有一个优点就是，能够让自己不断成长。如果只盯着一个目标，即使到达了终点，自己的成长也将结束于这个终点。但是，计划偶然性是没有终点的，随着自我成长，自己的愿景也会持续成长。

我们可以边注视着这个愿景，边通过自己的好奇心和行动不断增加新的关联点，不断将其连接起来。这样的话，我们的人生将永远充满兴奋和激动。感谢自己能做到这一点，感谢所有支持自己的人。请坚持下去，一定要为自己创造最美好的人生。

有意识地输入，有意识地输出，更新、接触、持续，还有感恩。这是在计划偶然性循环的基础上经营适合自己的职业生涯的循环。而使这一切成为可能的，就是掌握了六种"思维模式"的"无论在任何情况下都能开拓道路的自己"。

你一直在努力，真的很棒！

我真为你感到骄傲。

现在，你已经拥有了自己想要的生活所需要的一切。

没错，你一定可以做到。

我会与你同在，永远为你欢呼。

感谢你让我成为你的教练。

爱你的重子教练

## 章节总结

在巨变时代，逆向反推式的传统职业生涯构建存在两个问题。

计划偶然性应培养"5＋1能力"。

那就是好奇心、持续性、灵活性、乐观性、冒险精神和感恩之心。

不必非要明确"自己想做的事"，只要有一个"顺其自然"的方向就行。

## 结束语

其实，我写这本书还有另一个原因，那就是我希望你们能成为下一代的榜样。无论在任何情况下，都要开拓自己的道路，走上属于自己的职业生涯。这不仅仅是为了自己的幸福和成功。

其实，这还有更大的意义，那就是为了支持未来的下一代，向他们展示一种新的生活方式。

对于生活在当下的你来说，并没有太多的榜样可以展示新时代的女性和男性的生活方式。毕竟，以前从未有过这样的时代。所以，更需要大家为了下一代成为新时代的榜样。

为了我们的下一代，即使暴雨来临，也宁折不弯；即使道阻且长，也不会止步不前；即使被迫做出选择，也不曾畏惧；即使黑暗来袭，也坚信光明会来临；即使坠落深渊，也能绝处逢生……我希望你无论遇到任何情况都能开拓自己的道路，走上属于自己的职业生涯，活出最好的自己。你一定能够做到。这是因为，你已经拥有了七种"思维模式"，只要去实践就可以了。

**越实践，技能就掌握得越好。**技能不会因人而异，每个人都能学会。区别只在于通过实践掌握的多少而已。

我会一直支持你，真心诚意。人生教练博克重子以最大的热情，为大家献上这本关于新时代职业生涯经营的书面辅导。

这是一个史无前例的巨变的时代，也是一个充满新奇和可能性的时代。如果这个辅导能在这样的时代中为大家经营职业生涯带来启发，我将不胜荣幸。

感谢你让我成为你的重要的职业构建的伙伴。很荣幸能够陪伴在这个世界上独一无二存在的你，我怀着最大的感恩和爱，送上最后一个问题。

问题25：What's your passion？（你热爱的是什么？）

无论何时，重子教练都会陪在你身边，给予你支持。

作为一名人生教练，我能有机会执笔这本书，要感谢Discover21出版社的三谷祐一先生，榎本明日香女士，Appleseed Agency（苹果种子经纪公司）的宫原阳介先生，以及帮助我达成120%的交付结果的每一位伙伴，让我感到由衷地开心和感恩。还有所有陪伴我一起奔跑的伙伴们，正因为有大家一路陪伴，我才能作为重子教练不断奔跑。

感谢来自日本全国以及海外的140名博克重子认证的非认知能力育儿教练的BYBS姐妹们,感谢大家给予的机会,让我们能够一起同心协力推广非认知能力。

五年前,当我提出"将来是认知+非认知能力的时代"时,认知能力仍然被认为是主流能力。但从那时起,很多赞同我的观点,认为将来非认知能力会越来越重要,并参与和推广这个理念的姐妹们,我爱你们。

还有那些参加了培养非认知能力3个月育儿教练课程挑战的BYBS的学员们,大家首先培养了自己作为父母的非认知能力,再通过这样的自己,去提高孩子的非认知能力。真的非常感谢大家支持并参与这个培训,让我们一起去推广"培养非认知能力育儿方式"吧。

感谢培养非认知能力沙龙的各位成员、感谢参加研讨会和演讲会的朋友们,感谢一直支持我的各位粉丝朋友,感谢正在阅读这本书的你。真的由衷感谢大家。相信我们一定能够再相见,让我们相约在明天!

还有亲爱的老公蒂姆和女儿斯凯(还有爱犬阿斯彭),感谢你们无论什么时候都一直在我身边支持我。

感恩有你们,让我们一起走向未来。

因为有你们,才能走得更远。让我们一起提高非认知能力,活出最幸福的人生吧!

为了自己,为了我们所爱的人,为了我们的下一代,做最好的自己!

重子教练